"十三五"职业教育国家规划教材

AutoCAD实例教程

（第四版） 附微课视频

◉ 主　编　刘　哲

副主编　高　健　刘爽爽　郇　雨
　　　　赵　水　孙　富　程　瑜

U0244319

大连理工大学出版社

图书在版编目(CIP)数据

AutoCAD实例教程 / 刘哲主编 . -- 4版 . -- 大连：
大连理工大学出版社, 2024.9
ISBN 978-7-5685-4931-8

Ⅰ. ①A… Ⅱ. ①刘… Ⅲ. ①AutoCAD软件 – 高等职业
教育 – 教材 Ⅳ. ①TP391.72

中国国家版本馆CIP数据核字(2024)第073818号

大连理工大学出版社出版

地址:大连市软件园路80号　邮政编码:116023
发行:0411-84708842　邮购:0411-84708943　传真:0411-84701466
E-mail:dutp@dutp.cn　　URL:https://www.dutp.cn

辽宁星海彩色印刷有限公司印刷　　　　　大连理工大学出版社发行

幅面尺寸:185mm×260mm　　　　印张:18　　　　　字数:435千字
2009年8月第1版　　　　　　　　　　　　　　　　2024年9月第4版
2024年9月第1次印刷

责任编辑:刘　芸　　　　　　　　　　　　责任校对:陈星源
封面设计:张　莹

ISBN 978-7-5685-4931-8　　　　　　　　　定　价:58.80元

前　言

　　《AutoCAD实例教程》(第四版)是"十三五"职业教育国家规划教材、"十二五"职业教育国家规划教材。

　　本教材此次修订保留了上版教材的优点和风格,并按照教学单位及读者的意见加以相应的改进,力求体现创新性、实用性。

　　1.融入思政元素,体现"三全育人"理念

　　本教材积极贯彻落实党的二十大精神,落实立德树人根本任务,适当融入思政素材,实现知识传授、技能培养和价值塑造的有效融合,实现全员、全过程、全方位育人。

　　2.实例教学,符合高职学生的特点,适应高职教学改革的需要

　　本教材虽然以章节为目录,但却是一本真正意义上的以实例为主的教材。教材中每个章节都精心筛选了具有代表性的实例,深入浅出地讲解这些实例的绘制过程,不注重解释每个命令,而是在完成一个实例的过程中学习相应命令,掌握基本绘图方法,将枯燥的命令变成现实的任务,方便教学,利于学生掌握,有效地配合了课程教学改革的顺利进行。同时,坚持实例、技巧及经验并重,对读者容易犯的错误进行重点讲解。加强实践性教学环节,融入充分的实训内容,达到举一反三的目的。

　　3.与时俱进,实现高职教材的动态化

　　教材内容全面、新颖,紧跟软件更新步伐,以AutoCAD 2024中文版为平台,涉及广泛的AutoCAD功能。采用新标准、新技术、新规范、新理念等,与工程图学结合紧密,具有很强的实用性。

　　4.加大吸引力,注重教材表现形式

　　就文字而言,力求通俗易懂,新颖活泼;就版面编排而言,力求图文并茂,版式灵活;就图形设计而言,力求简洁、美观,符合国家制图标准的规定。

5.体例科学合理,能够达到课程的培养目标

教材结构合理,能够满足课程大纲的要求;篇幅适合课程学时安排;理论描述注重基础知识的讲解,利于学生接受;习题数量适当,难度适中。

6.实例应用性强,为后续课程学习及就业奠定良好基础

根据课程标准,以企业典型产品、项目、任务为载体进行编写,汇编来自教学、科研和行业企业的最新典型案例,促进学生职业素质的培养。

7.辅助教学资源可满足教学要求

注重辅助教学资源的开发,力求为教学工作构建更加完善的辅助平台。教材配套的教案、课件及微课等与教材内容相辅相成,形式通俗易懂。

本教材可作为高职院校、相关领域培训班的教学用书,也可作为工程技术人员和AutoCAD爱好者的参考书。

本教材由惠州工程职业学院刘哲任主编,青岛职业技术学院高健、惠州工程职业学院刘奭奭、青岛市技师学院郇雨、青岛职业技术学院赵水、新疆生产建设兵团兴新职业技术学院孙富、济南二机床集团有限公司高级工程师程瑜任副主编。具体编写分工如下:第1章、第8章由刘奭奭编写;第2章由程瑜编写;第3章、第4章由刘哲编写;第5章由高健编写;第6章由孙富编写;第7章由郇雨编写;附录由赵水编写。刘哲负责全书的统稿和定稿。

在编写本教材的过程中,我们参考、引用和改编了国内外出版物中的相关资料以及网络资源,在此对这些资料的作者表示深深的谢意!请相关著作权人看到本教材后与出版社联系,出版社将按照相关法律的规定支付稿酬。

尽管我们在教材特色的建设方面做了许多努力,但由于时间仓促,加之高职院校各专业对该课程教学内容的要求存有差异,教材中仍可能存在不当之处,恳请各相关院校同人和读者朋友在使用本教材时给予关注,并将意见及时反馈给我们,以便下次修订时完善。

编　者

2024年8月

所有意见和建议请发往:dutpgz@163.com

欢迎访问职教数字化服务平台:https://www.dutp.cn/sve/

联系电话:0411-84707424　84708979

目 录

本书配套微课资源

本 书 约 定

为了方便读者学习,本书采用了一些符号和不同的字体表示不同的含义。在学习本书时应注意以下规则:

1.符号"↙"表示按回车键("Enter"键),简称回车。

2.菜单命令采用[ ][ ]形式,如[绘图][矩形]指单击菜单栏"绘图"选项,在弹出的下拉菜单中选择"矩形"命令。

3.功能区选项卡下面板上的命令采用< >< >< >形式,如<默认><绘图><矩形>指选择功能区"默认"选项卡下"绘图"面板上的"矩形"命令。

4.在任务的绘图步骤中,楷体描述的部分表示系统提示信息,随后紧跟着的加粗黑体描述的部分为用户动作,与之有一定间隔的"//"之后的楷体描述的部分为注释。如:

命令:LINE↙

指定第一个点:80,160↙   //选择直线的起点A

其中"命令:""指定第一个点:"为系统提示信息,"**LINE↙**""**80,160↙**"为用户动作,"选择直线的起点A"为注释。

5.用键盘输入命令和参数时,大小写功能相同。

6.功能键由□标识。如 Esc 指键盘上的"Esc"键。

第1章

AutoCAD 2024轻松入门

本章要点

　　AutoCAD 是 Autodesk 公司发行的一款计算机辅助设计软件,具有绘制二维图形和三维图形、标注尺寸、协同设计及图纸管理等功能,可用于机械设计、建筑设计、装饰设计、服装设计及电气设计等领域。AutoCAD 2024 简体中文版是目前应用的最新版本。

　　本章主要介绍 AutoCAD 2024 的基本常识,以使读者快速掌握 AutoCAD 2024 的基础知识,方便后续的学习。

素养提升

　　我国自古就是机械大国,宋代苏颂编写的《新仪象法要》作为古代宝贵的科学遗产,给后代研究者提供了极其丰富的科技信息和大量值得探索的科学课题。通过了解《新仪象法要》一书,激发爱国主义情怀,培养追求真理、严谨治学的求实精神,树立献身祖国的远大理想。学好 AutoCAD 软件,可以成为出色的机械、建筑、室内设计师以及船舶、桥梁建设等方面优秀的设计人才,从而实现我们的人生价值。

　　读后感:＿＿＿＿＿＿＿＿＿＿＿＿＿＿＿＿＿＿＿＿＿＿＿＿

＿＿＿＿＿＿＿＿＿＿＿＿＿＿＿＿＿＿＿＿＿＿＿＿＿＿＿＿＿＿＿＿＿＿

＿＿＿＿＿＿＿＿＿＿＿＿＿＿＿＿＿＿＿＿＿＿＿＿＿

＿＿＿＿＿＿＿＿＿＿＿＿＿＿＿＿＿＿＿＿＿

延伸阅读

1.1 启动 AutoCAD 2024

在默认的情况下，成功安装 AutoCAD 2024 简体中文版以后，系统会在桌面创建 Auto-CAD 2024 简体中文版快捷图标，如图 1-1 所示，并且在程序组里边产生一个 AutoCAD 2024 简体中文版的程序组。与其他基于 Windows 系统的应用程序一样，我们可以通过双击 Au-toCAD 2024 简体中文版快捷图标或从程序组中选择"AutoCAD 2024-简体中文（Simplified Chinese）"来启动 AutoCAD 2024 简体中文版。

图 1-1　AutoCAD 2024 简体中文版快捷图标

启动 AutoCAD 2024 后，选择"开始绘制"图标，将会看到如图 1-2 所示的工作界面。

图 1-2　AutoCAD 2024 默认工作界面（"草图与注释"界面）

1.2　工作界面与设置

启动 AutoCAD 2024 简体中文版以后，便可以开始绘图了。在绘图之前，先了解一下它的工作环境。

一、工作空间

AutoCAD 2024 为用户提供了三个可供选用的空间界面，切换工作空间可用以下方法：在工作界面的最下方"状态栏"中找到"切换工作空间"按钮 ✿ ，单击鼠标左键（简称单击）后打开"切换工作空间"菜单，如图1-3所示，其上有三种工作空间可供切换。三种工作空间分别打开相对应的三种界面。

图1-3　"切换工作空间"菜单

1."草图与注释"界面

"草图与注释"界面是 AutoCAD 2024 第一次安装启动后的默认界面，用于绘制二维图形，如图1-2所示。

2."三维基础"界面

"三维基础"界面能提供有限的一些建模工具，适合初学者做三维建模练习，如图1-4所示。

3."三维建模"界面

"三维建模"界面包含全部的三维建模、修改和渲染等工具，是用于进行三维建模的界面，如图1-5所示。

> **注**
>
> 本书第7章（创建三维实体）内容是在"三维建模"工作空间完成的，其余各章内容均在"草图与注释"工作空间完成。

图1-4 "三维基础"界面

图1-5 "三维建模"界面

二、界面介绍

1.标题栏

标题栏位于工作界面的最上方,它由软件名称、文件名称、"搜索"栏及窗口控制按钮等组成。

2.菜单浏览器

菜单浏览器位于AutoCAD 2024工作界面的左上角,显示为一个按钮 ,它主要的作用包括:

(1)显示菜单项的列表,仿效传统的竖直显示菜单,它直接覆盖AutoCAD窗口,可展开和折叠,图1-6所示为菜单浏览器的展开菜单。

(2)查看或访问最近使用的文档、最近执行的动作和打开的文档。

(3)用户可通过单击展开菜单上方搜索工具,输入条件进行搜索,并可双击搜索后列出的项目,以直接访问关联的命令。

(4)展开菜单的下方有"选项"按钮,单击可打开"选项"对话框。

3."快速访问"工具栏

"快速访问"工具栏通常显示在AutoCAD界面的顶端,位于"菜单浏览器"按钮 的右边。它包括经常使用的工具,如"新建"、"打开"、"保存"、"另存为"、"打印"、"放弃"及"重做"等按钮。用户可以通过"快速访问"工具栏打开一些常用的功能,或者关闭一些不常用的功能。如系统默认的界面中菜单栏是不显示的,可以利用"快速访问"工具栏将其显示出来,方法如下:

单击"快速访问"工具栏最右侧下拉按钮 ,打开"自定义快速访问工具栏"菜单,如图1-7所示。选择[显示菜单栏]选项,则在"草图与注释"界面上出现菜单栏,如图1-8所示。

图1-6　菜单浏览器的展开菜单　　　　　　图1-7　"自定义快速访问工具栏"菜单

图1-8　调出菜单栏

4.菜单栏

菜单栏共有"文件"、"编辑"、"视图"及"插入"等13个菜单项目,其下拉菜单中的命令选项有三种形式:

(1)普通菜单:单击该菜单中的某一命令选项,将直接执行相应的命令。

(2)子菜单:命令选项的后面有向右的箭头符号,光标放在此命令选项上时将弹出下一级菜单。

(3)对话框:命令选项的后面有省略号,单击该命令选项将弹出相应的对话框。

5.功能区

在AutoCAD 2024中,功能区包含功能区选项卡和功能区面板,每个选项卡下设多个面板,每个面板上设有相关功能的按钮,如图1-9所示。功能区中的按钮是代替命令的简便工具,利用它们可以完成绘图过程中的大部分工作。

功能区选项卡　　　　　　　　　　功能区面板

图1-9　功能区

6.绘图区

绘图区包括绘图区域和坐标系图标。

(1)绘图区域

绘图区域是用于绘制图形的"图纸",是用户的工作窗口,是绘制、编辑和显示图形对象的区域。系统默认的绘图区域是黑色背景,可以根据需要改变背景颜色。改变背景颜色的方法:打开"工具"下拉菜单,选择"选项"命令,系统弹出"选项"对话框,打开"显示"选项卡,如图1-10所示,在"窗口元素"选项组中,将"颜色主题"设置为"明",单击"颜色"按钮,打开"图形窗口颜色"对话框,如图1-11所示,在右上角"颜色"下拉列表中选择所需要的颜色,如"白",则绘图区域变成白色。

绘图区域包含"模型"和"布局"两种绘图模式,单击"模型"或"布局"标签可以在这两种模式之间进行切换。

一般情况下,在模型空间绘制图形,然后转至布局空间安排图纸输出布局。

(2)坐标系图标

坐标系图标用于显示当前坐标系的位置,通常情况下在绘图区左下角显示坐标系图标,坐标系原点为(0,0),X轴为水平轴,向右为正向,Y轴为竖直轴,向上为正向;Z轴方向垂直于XY平面,指向绘图者为正向。AutoCAD的默认坐标系为世界坐标系(WCS)。若重新设定坐标系原点或调整坐标系的其他位置,则世界坐标系变为用户坐标系(UCS)。

图1-10 "选项"对话框

图1-11 "图形窗口颜色"对话框

（3）光标

光标在绘图区显示为十字形。十字光标的大小可根据用户的习惯进行调整。调整方法：在图1-10所示的"选项"对话框中拖动"十字光标大小"选项下的滑块进行设置，十字光标的值越大，光标两边的延长线就越长。

7.命令行窗口与文本窗口

（1）命令行窗口

命令行窗口（简称命令行）是用户通过键盘输入命令、参数等信息的地方。用户通过菜单和功能区执行的命令也会在命令行窗口中显示。默认情况下，命令行窗口位于绘图区域的下方，可以通过拖动命令行窗口的左边框将其移至任意位置。

可采用下述方法打开或关闭命令行窗口：

下拉菜单：[工具][命令行]
快捷键：$\boxed{Ctrl}$+9

（2）文本窗口

文本窗口是记录 AutoCAD 历史命令的窗口，可以通过按 $\boxed{F2}$ 键打开文本窗口，以便于快速访问完整的历史记录。

8.状态栏

状态栏位于工作界面的最底端，用于显示当前的绘图状态。状态栏最左端为坐标值，其后为"模型空间"按钮，单击它，可在模型空间和图纸空间切换。再之后是栅格、捕捉模式、推断约束、动态输入等具有绘图辅助功能的控制按钮，如图1-12所示。

5.0748E+19, -1.1223E+19, 0.0000　模型

图1-12　系统默认的状态栏

系统默认的状态栏选项较多，用户可以根据使用情况进行设置。设置方法：单击状态栏最右端的"自定义"按钮，打开状态栏"自定义"菜单，单击其上不常用的选项，取消其前面的勾选标记，只保留常用的模型空间、栅格、捕捉模式、正交模式、极轴追踪、对象捕捉追踪、二维对象捕捉、线宽、切换工作空间等选项，如图1-13所示，这样状态栏内容不那么杂乱，使用比较方便，有些项目需要时可随时进行添加。

9.工具栏

用户除了利用下拉菜单、功能区面板和命令行窗口执行命令以外，还可以使用工具栏来执行命令。AutoCAD 2024 系统默认所有的工具栏都处于隐藏状态。可以采用下面方法打开或关闭相应的工具栏：

下拉菜单：[工具][工具栏][AutoCAD][标准、绘图、修改等工具栏名称选项]

图1-13　状态栏"自定义"菜单

由于AutoCAD 2024提供了功能强大的功能区，大多数命令均可通过功能区面板上的命令按钮来完成，为了节省空间，工具栏可不调出来。

三、保存工作空间

工作空间设置好后可进行保存，方便以后使用。保存工作空间的方法：单击状态栏上的"切换工作空间"按钮 ⚙ ▾，打开"切换工作空间"菜单（图1-3），选择［将当前工作空间另存为］选项，打开"保存工作空间"对话框，在"名称"文本框中输入工作空间的名称即可，如图1-14所示。

图1-14　"保存工作空间"对话框

再次进入系统时，可选择"我的工作空间"进行绘图，如图1-15所示。

或者在"切换工作空间"菜单中选择[工作空间设置]选项,打开"工作空间设置"对话框,选中"自动保存工作空间修改"单选按钮,如图1-16所示,则所设置的工作空间将被保留。

图1-15　进入"我的工作空间"

图1-16　"工作空间设置"对话框

1.3　图形文件的基本操作

用户绘制的图形最终都以文件的形式保存,本节将对图形文件的操作做简单介绍。图形文件的操作包括图形文件的新建、打开、保存及另存为等。

一、创建新图形文件

启动AutoCAD 2024后,系统会自动新建一个名为Drawing1.dwg的空白图形文件,用户还可以通过以下方法创建新的图形文件:

```
菜单浏览器:[新建][图形]
下拉菜单:[文件][新建]
"快速访问"工具栏:"新建"按钮 □
文件选项卡:在文件名称处单击鼠标右键,选择快捷菜单中"新建"选项
命令行窗口:NEW↙
```

执行以上任意一种操作后,系统打开"选择样板"对话框,从文件列表中选择需要的样板,然后单击"打开"按钮,即可创建新的图形文件。

在打开图形时还可以选择不同的计量标准,单击"打开"按钮右侧的下拉按钮,弹出其下拉列表,如图1-17所示。若选择"无样板打开-英制"选项,则以英制单位为计量标准绘制图形;若选择"无样板打开-公制"选项,则以公制单位为计量标准绘制图形。

图1-17　"选择样板"对话框

提示、注意、技巧

　　在 AutoCAD 2024中系统变量startup=3(默认值),执行创建新图形文件的操作时,直接进入图1-17所示的"选择样板"对话框。要改变这种情况,在命令行窗口中输入startup,并将其值改为1,即可打开"创建新图形"对话框,如图1-18所示。在此可采用传统的"从草图开始"、"使用样板"及"使用向导"三种方式来建立新图形文件。由于此方法方便图形单位、图形区域等内容的设定,所以应用比较广泛。

图1-18 "创建新图形"对话框

二、打开图形文件

启动AutoCAD 2024后,可以通过以下方法打开已有的图形文件:

菜单浏览器:[打开][图形]
下拉菜单:[文件][打开]
"快速访问"工具栏:"打开"按钮 🗁
文件选项卡:在文件名称处单击鼠标右键,选择快捷菜单中"打开"选项
命令行窗口:OPEN↙

执行以上任意一种操作后,系统会打开"选择文件"对话框,如图1-19所示。在该对话框的"查找范围"下拉列表中选择要打开的图形文件夹,选择图形文件,然后单击"打开"按钮或者双击文件名,即可打开图形文件。在该对话框中也可以单击"打开"按钮右侧的下拉按钮,在弹出的下拉列表中选择使用所需的方式来打开图形文件。

图1-19　"选择文件"对话框

AutoCAD 2024支持同时打开多个文件,利用这种多文档特性,用户可以在打开的图形之间进行切换,也可以在图形之间复制、粘贴或从一个图形向另一个图形移动对象。

三、保存图形文件

对图形进行绘制或修改后,应及时对图形文件进行保存。可以直接保存,也可以更改名称之后保存为另一个文件。

1.保存新建的图形

用户可以使用以下方法中的任何一种方法保存新建的图形文件:

菜单浏览器:[保存]

下拉菜单:[文件][保存]

"快速访问"工具栏:"保存"按钮🖫

文件选项卡:在文件名称处单击鼠标右键,选择快捷菜单中"保存"选项

命令行窗口:QSAVE↙

执行以上任意一种操作后,系统打开"图形另存为"对话框,如图1-20所示。

图1-20　"图形另存为"对话框

在"保存于"下拉列表中指定文件保存的文件夹,在"文件名"文本框中输入图形文件的名称,在"文件类型"下拉列表中选择保存文件的类型,最后单击"保存"按钮。

提示、注意、技巧

　　对于已经保存过的文件,再次执行"保存"命令时不会弹出"图形另存为"对话框,会自动覆盖原来文件。

2.图形换名保存

对于已经保存过的文件,可以更改名称保存为另一个图形文件。可通过下列方法实施换名保存:

菜单浏览器:[另存为]

下拉菜单:[文件][另存为]

"快速访问"工具栏:"另存为"按钮🖫

文件选项卡:在文件名称处单击鼠标右键,选择快捷菜单中"另存为"选项

命令行窗口:SAVE↙

执行以上任意一种操作后,系统将会打开"图形另存为"对话框,设置需要的名称及其他选项后保存即可。

1.4 设置绘图环境

通常情况下,用户安装了 AutoCAD 2024 后就可以在默认状态下绘制图形。但由于不同计算机所用外部设备不同,或为提高绘图效率等特殊要求,有时需要对绘图环境及系统参数做必要的设置和调整。

用户利用"选项"对话框,可以非常方便地设置系统参数选项。单击"工具"下拉菜单,选择"选项"命令,打开"选项"对话框,如图 1-10 所示。该对话框包括"文件"、"显示"、"打开和保存"、"打印和发布"、"系统"、"用户系统配置"、"绘图"、"三维建模"、"选择集"及"配置"10 个选项卡。下面介绍常用的几个选项卡的内容。

1. "显示"选项卡

"显示"选项卡中包括"窗口元素"、"显示精度"、"布局元素"、"显示性能"、"十字光标大小"和"淡入度控制"6 个选项组。

(1)"窗口元素"选项组用于设置是否显示绘图区的滚动条、绘图区的背景颜色和命令行窗口中的字体样式等。

(2)"显示精度"选项组用于设置实体的显示精度,如圆和圆弧的平滑度、渲染对象的平滑度等,显示精度越高,对象越光滑,但生成图形时所需时间也越长。

(3)"布局元素"选项组用于设置在图纸空间打印图形时的打印格式。

(4)"显示性能"选项组用于设置光栅图像显示方式、多段线的填充及控制三维实体的轮廓曲线是否以线框形式显示等。

(5)"十字光标大小"选项组用于设置绘图区十字光标的大小,默认为 5,当设为 100 时光标充满屏幕。

(6)"淡入度控制"选项组用于指定在位编辑参照的过程中对象的褪色度值。通过在位编辑参照,可以编辑当前图形中的块参照或外部参照。

2. "打开和保存"选项卡

"打开和保存"选项卡用于设置 AutoCAD 图形文件的版本格式、最近打开的文件数目及是否加载外部参照等。用户可在该选项卡的"文件安全措施"选项组中设置自动存盘的时间间隔,以避免由于断电、死机等原因造成绘图数据的丢失。

3. "用户系统配置"选项卡

用户可以使用"用户系统配置"选项卡优化 AutoCAD 的工作方式。

(1)"Windows 标准操作"选项组:用户可以单击鼠标右键进行定义,单击"自定义右键单击"按钮,在"命令模式"选项组中选择"确认"单选项,以保证在执行命令时通过单击鼠标右键直接结束命令。

(2)"默认比例列表"按钮用于设置各种常用绘图比例,以利于图形的输出操作。

4."绘图"选项卡

在"绘图"选项卡中,用户可以设置对象自动捕捉、自动追踪功能及自动捕捉标记大小和靶框大小。

(1)"自动捕捉设置"选项组:

①标记:用于在绘图时以规定的样式显示各捕捉特征。

②磁吸:捕捉框在捕捉目标点附近,指针会自动产生磁吸现象,快速完成准确捕捉。

(2)"自动捕捉标记大小"选项组:用于定义自动捕捉框的大小,避免在绘制比较小的图形时使用较大的捕捉框所造成的混乱。

(3)"AutoTrack(自动追踪)设置"选项组:用于显示极轴追踪矢量、全屏追踪矢量和自动追踪工具提示。

(4)"靶框大小"选项组:靶框即执行绘图命令后十字光标上的小方框,显示的条件是勾选"显示自动捕捉靶框"复选框,其大小可用游标调节。

5."三维建模"选项卡

"三维建模"选项卡用于设置三维十字光标、动态输入、三维对象和三维导航等功能。

6."选择集"选项卡

"选择集"选项卡用于设置选择集模式、是否使用夹点编辑功能、编辑命令的拾取框和夹点大小。

提示、注意、技巧

只有有经验的用户才可以修改系统的环境参数,否则修改后可能造成Auto - CAD的某些功能无法正常使用。

1.5　退出AutoCAD 2024

操作完成之后,用户可通过以下几种方法来退出AutoCAD 2024:

> 菜单浏览器:[关闭]或"退出Autodesk AutoCAD 2024"按钮
> 下拉菜单:[文件][退出]
> AutoCAD主窗口:右上角的"关闭"按钮 ×
> 命令行窗口:QUIT↙

如果退出AutoCAD时当前的图形文件没有被保存,则系统将弹出"保存提示"对话框,提示用户在退出AutoCAD前保存或放弃对图形所做的修改。

一、选择题

1.在"选项"对话框中可以设置夹点大小和颜色的选项卡是(　　)。

　A.选择集　　　　B.系统　　　　　C.显示　　　D.打开和保存

2.AutoCAD 2024为用户提供了三个可供选用的工作空间,其中不包括(　　)。

　A.三维建模　　　B.草图与注释　　C.模型　　　　D.三维基础

3. 在 AutoCAD 2024中,功能区不包括(　　)。

　A.功能区选项卡　　　　　　　　B.坐标系图标

　C.命令按钮　　　　　　　　　　D.功能区面板

二、操作题

1.新建一个名为"CAD图形 1.dwg"文件,并存于D盘"CAD图形"文件夹中。

2.找到并打开"CAD图形 1.dwg"文件,把它另存到D盘,文件名为test1.dwg。

3.在AutoCAD 2024中将系统参数startup分别设置为0或1,启动"新建"命令,创建新图形文件。

第2章

基本操作

本章要点

　　本章主要介绍 AutoCAD 命令的基本操作方法、绘图辅助功能的使用、编辑图形时选择对象的方法等内容。通过学习本章,学生应掌握命令的输入方式、对象捕捉和对象选择的方法,为准确绘制图形做准备。

素养提升

　　我国是世界文明古国之一,在工程图学方面有着悠久的历史。通过了解河北平山县中山王陵中出土的兆域图,增强民族自豪感和自信心,激励自强不息、勇于探索的精神。当前,学好绘图软件能够更好地发展和完善我国高超的制图设计体系,优秀的设计师起步于简单的绘图技能。

　　读后感:＿＿＿＿＿＿＿＿＿＿＿＿＿＿＿＿＿＿＿

＿＿＿＿＿＿＿＿＿＿＿＿＿＿＿＿＿＿＿＿＿＿＿＿＿＿＿

＿＿＿＿＿＿＿＿＿＿＿＿＿＿＿＿＿＿＿＿＿＿＿＿＿＿＿

＿＿＿＿＿＿＿＿＿＿＿＿＿＿＿＿＿＿＿＿＿＿＿＿＿＿＿

＿＿＿＿＿＿＿＿＿＿＿＿＿＿＿＿＿＿＿＿＿

延伸阅读

2.1 鼠标与键盘

一、鼠标

鼠标的用法见表2-1。

表2-1 　　　　　　　　　　　　　　　　　　鼠标的用法

按键	左键(拾取键)	右键(确认键)	滚轮
功能	①选择对象 ②选择下拉菜单或功能区面板上的命令 ③确认输入点	①弹出快捷菜单,可选择需要的选项 ②在执行编辑命令时,选择对象后右击,可结束对象选择	①转动滚轮,可实时缩放 ②按住滚轮并拖动鼠标,可实时平移 ③双击滚轮,可实时显示全部图形

二、键盘

键盘的用法见表2-2。

表2-2 　　　　　　　　　　　　　　　　　　键盘的用法

按键	空格键	Enter键(回车键)	Esc键
功能	①结束数据的输入或确认默认值 ②除输入"单行文字"之外,可结束命令 ③重复上条命令	①与空格键相同 ②输入"单行文字"时,按两次可结束命令	取消当前命令

2.2 AutoCAD 命令

　　在AutoCAD系统中,所有功能都是通过命令执行来实现的。熟练地使用AutoCAD命令,有助于提高绘图的效率和精度。AutoCAD 2024提供了命令行窗口、功能区面板及下拉菜单等多种命令输入方式,用户可以利用键盘、鼠标等输入设备以不同方式输入命令。

一、命令的输入方式

1.命令行窗口

命令行窗口位于AutoCAD绘图窗口的底部,命令行窗口可以通过"Ctrl +9"组合键来打开或关闭。用户利用键盘输入的命令、命令选项及相关信息都显示在该窗口中。在命令行窗口出现"键入命令"提示符后,利用键盘输入AutoCAD命令,并回车确认,该命令立即被执行。

例如,要输入"直线(LINE)"命令,操作如下:

命令行窗口:LINE(或L)↙

AutoCAD采取"实时交互"的命令执行方式,在绘图或图形编辑操作过程中,用户应特别注意动态提示或命令行窗口中显示的文字,这些信息记录了AutoCAD与用户的交流过程。

2.功能区面板

移动鼠标,将光标移至功能区面板上的相应按钮并单击,相应的命令立即被执行。此时在命令行窗口会显示相应的命令及命令提示。

例如,单击功能区"默认"选项卡下"绘图"面板上的"直线"按钮，则执行"直线"命令。

3.下拉菜单

移动鼠标,将光标移至下拉菜单中的相应选项并单击,相应的命令立即被执行。此时在命令行窗口会显示相应的命令及命令提示。

例如,选择下拉菜单[绘图][直线]选项,执行"直线"命令。

二、透明命令

在AutoCAD中,透明命令是指在执行其他命令的过程中可以执行的命令,在结束透明命令后,又回到刚刚运行的命令。透明命令多为修改图形设置、绘图辅助工具等命令,例如"捕捉(SNAP)""栅格(GRID)""缩放(ZOOM)"等命令。

输入透明命令的方法为直接单击命令按钮或在命令行窗口输入命令动词并回车确认。在当前没有命令运行时运行透明命令可直接输入命令动词,如"Z(ZOOM的缩写)↙",则调用"放大"命令;但当正运行一个非透明命令时,就应在命令动词前先输入一个单引号"'",如"'Z↙"。透明命令执行结束后将继续执行之前被中断的非透明命令。

三、命令的重复、终止、放弃与重做

在AutoCAD中,用户可以方便地重复执行同一条命令,终止正在执行的命令或撤销前面执行的一条或多条命令。此外,撤销前面执行的命令后,还可以通过"重做"来恢复。

1.重复命令

（1）重复刚刚执行过的命令

当执行完一条命令后,还想再次执行该条命令,直接按 空格 键或 Enter 键,就可重复执

行这个命令;或者单击鼠标右键,在弹出的快捷菜单中选择"重复"选项,如刚刚绘制完成一个圆,单击鼠标右键,选择"重复圆"选项,则又调用"圆"命令。

（2）重复最近执行过的命令

重复最近执行过的命令有下面两种方法:

①在绘图区中单击鼠标右键,弹出快捷菜单,在"最近的输入"子菜单下列出了最近使用过的命令,从中选择要重复执行的命令。

②在命令行窗口单击鼠标右键,弹出快捷菜单,将鼠标放在"最近使用的命令"选项上,打开其子菜单,选择最近使用过的六个命令之一。

2.终止命令

终止命令有下面三种方法:

（1）在命令执行过程中,用户调用另一条非透明命令,将自动终止正在执行的命令。

（2）在命令执行过程中,按 Esc 键终止命令的执行。

（3）单击鼠标右键,选择快捷菜单中"取消"选项也可终止命令。

3.撤销命令

撤销前面的操作,可以使用下面几种方法之一:

（1）在命令行窗口输入"U",每执行一次就撤销一次操作。

（2）单击"快速访问"工具栏上的"放弃"按钮 ,单击一次撤销一次操作,如果单击其后面的下拉按钮,可以执行多次撤销操作。

（3）使用快捷键" Ctrl +Z"。

（4）在命令行窗口输入"UNDO",然后再输入要放弃的命令的数目,可一次撤销前面输入的多个命令。

（5）单击"编辑"下拉菜单中的"放弃"选项,每执行一次就撤销一次操作。

4.重做命令

由于命令的执行是依次进行的,所以当返回到以前的某一操作时,在这一过程中的所有操作都将被取消。如果要恢复撤销的最后一个命令,可以使用"REDO"命令,也可单击"快速访问"工具栏上的"重做"按钮 ,单击一次恢复一次操作,如果单击其后面的下拉按钮,可以恢复多次操作。

2.3 图形对象的选择

在对图形进行编辑操作时首先要确定编辑的对象,即在图形中选择若干图形对象构成选择集。输入一个图形编辑命令后,命令行窗口出现"选择对象:"提示,这时可根据需要反复多次地进行选择,直至回车结束选择,转入下一步操作。为了提高选择的速度和准确性,AutoCAD提供了多种选择对象方式,常用的选择方式有以下几种:

1.直接选择对象

这是默认的选择对象方式,此时光标变为一个小方框(称为拾取框),当光标在对象上滑过时,对象加粗高亮显示,若此时单击,则该对象被选中。重复上述操作,可依次选取多个对象。被选中的图形对象以蓝色显示,以区别其他图形。利用该方式每次只能选取一个对象,且在图形密集的地方选取对象时,往往容易选错或多选。

2.窗口(W)方式和交叉窗口(C)方式

窗口(W)方式:当命令行窗口提示"选择对象:"时,如果在空白处单击,向右上或右下移动光标,给定一个矩形窗口的选择方式,此时选择框为实线,内部背景为蓝色填充,在合适的位置单击,所有部分均位于这个矩形窗口内的图形对象被选中。如图2-1所示,先给出窗口的左下角点1(也可以是左上角点),再给出窗口的右上角点2(也可以是右下角点),只有位于这个矩形窗口内的圆被选中。

图2-1 窗口方式

交叉窗口(C)方式:当命令行窗口提示"选择对象:"时,如果在空白处单击,向左下或左上移动光标,给定一个矩形窗口的选择方式,此时选择框为虚线,内部背景为绿色填充,在合适位置单击,所有位于这个矩形窗口内或者与窗口边界相交的对象都将被选中。如图2-2所示,先给出窗口的右下角点1(也可以是右上角点),再给出窗口的左上角点2(也可以是左下角点),位于这个矩形窗口内的圆及与之相交的矩形和直线均被选中。

图2-2 交叉窗口方式

3.多边形窗口(WP)方式和交叉多边形窗口(CP)方式

多边形窗口(WP)方式:当命令行窗口提示"选择对象:"时,输入"WP"后回车,用多边形窗口方式选择对象,完全包含在多边形窗口中的图形被选中。

交叉多边形窗口(CP)方式:当命令行窗口提示"选择对象:"时,输入"CP"后回车,用交叉多边形窗口方式选择对象,所有位于多边形窗口之内或者与其边界相交的对象都将被选中。

4.全部(ALL)方式

当命令行窗口提示"选择对象:"时,输入"ALL"后回车,选取屏幕上全部图形对象。

5.删除(R)方式与添加(A)方式

当命令行窗口提示"选择对象:"时,输入"R"后回车,进入删除方式。在删除方式下可以从当前选择集中移出已选取的对象。在删除方式提示下,输入"A"后回车,则可继续向选择集中添加图形对象。

6.前一个(P)方式

当命令行窗口提示"选择对象:"时,输入"P"后回车,将最近的一个选择集设置为当前选择集。

7.栏选(F)方式

当命令行窗口提示"选择对象:"时,输入"F"后回车,进入栏选方式,此时光标为"十"字形,绘制一条虚线,与虚线相交的元素全部被选择上,如图2-3所示。

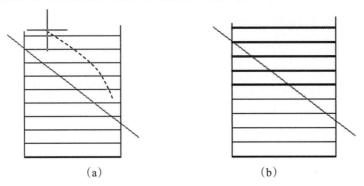

(a)   (b)

图2-3 栏选方式

8.放弃(U)方式

当命令行窗口提示"选择对象:"时,输入"U"后回车,取消最后的选择对象操作。

以上只是几种常用的选择对象方式,若要了解所有选择对象方式,则可在命令行窗口提示"选择对象:"时,输入"?"后回车,系统将显示如下提示信息:

无效选择

需要点或窗口(W)/上一个(L)/窗交(C)/框(BOX)/全部(ALL)/栏选(F)/圈围(WP)/圈交(CP)/编组(G)/添加(A)/删除(R)/多个(M)/前一个(P)/放弃(U)/自动(AU)/单个(SI)/子对象(SU)/对象(O):

根据提示,用户可选取相应的选择对象方式。

2.4 辅助功能

在AutoCAD中,用户不仅可以通过输入点的坐标绘制图形,而且可以使用系统提供的"栅格"、"捕捉"、"正交"、"极轴追踪"、"对象捕捉"和"对象捕捉追踪"等功能,快速、精确地绘制图形。

一、"捕捉"与"栅格"功能

当状态栏上的"捕捉模式"按钮选中时,此时屏幕上的光标呈跳跃式移动,并总是被"吸附"到屏幕的某些固定点上。如果此时"栅格"功能也启动了,光标会被捕捉到屏幕的栅格点上,如图2-4所示。

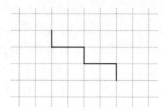

图2-4 启动"栅格"和"捕捉"功能绘制图形

"栅格"和"捕捉"功能一般同时使用,可绘制比较规整的图形,如楼梯、棋盘等。捕捉间距与栅格间距可以设置为不同值,一般设置为相同的值。设置捕捉间距和栅格间距的方法如下:

状态栏:在"栅格"或"捕捉模式"按钮上单击鼠标右键,选择快捷菜单中"网格设置"或"捕捉设置"选项

下拉菜单:[工具][绘图设置]

执行上述任意一种操作后,系统会弹出如图2-5所示的"草图设置"对话框。在该对话框的"捕捉和栅格"选项卡中可以设置不同的捕捉间距和栅格间距。建议初学者关闭"捕捉"功能。"栅格"功能打开状态下,绘图区域比较乱,也可以使其处于关闭状态。

图2-5 "草图设置"对话框

二、"正交"功能

选中状态栏上的"正交模式"按钮,启动"正交"功能,此时如果为绘制"直线"命令状态,屏幕上的光标只能水平或竖直移动,绘制水平线或竖直线。这种方式为绘制水平线和竖直

线提供了方便。按 F8 键可快速启动和关闭"正交"功能。

三、"极轴追踪"功能

使用"极轴追踪"功能,用户可以方便快捷地绘制与坐标轴呈一定角度的直线。例如,要绘制一条与X轴正向呈30°的直线,可以用鼠标右键单击状态栏上的"极轴追踪"按钮(或单击该按钮后面的下拉按钮),系统会弹出"极轴追踪"快捷菜单,选择其中包含"30"的选项,如图2-6(a)所示,或者选择"正在追踪设置"选项,打开"草图设置"对话框,在"极轴追踪"选项卡中设置增量角为30°然后单击"确定"按钮,如图2-6(b)所示。按 F10 功能键可快速启动和关闭"极轴追踪"功能。

（a）

（b）

图2-6 "极轴角"的设置

提示、注意、技巧

"草图设置"对话框"极轴追踪"选项卡说明:

1.启动了"极轴追踪"功能后,绘制直线时,当鼠标在所设置角度位置附近或其整数倍位置附近时,会出现极轴角度值提示和沿该极轴角度方向上的虚线。

2."增量角"下拉列表可用于选择极轴夹角的递增值,当极轴夹角为该值整数倍时,都将显示虚线,作为绘制与坐标轴呈一定角度直线的依据。

3."附加角"复选框:当"增量角"下拉列表中的角不能满足需要时,先选中该复选框,然后通过单击"新建"按钮增加特殊的极轴夹角。

4."极轴角测量"选项组中有两个单选项,一个是"绝对",另一个是"相对上一段",用于测量极轴追踪角的参考基准。选择"绝对"单选项,极轴追踪角以当前用户坐标系为参考基准,选择"相对上一段"单选项,极轴追踪角以最后绘制的对象为参考基准,详见第3章3.1节。

四、"对象捕捉"功能

在绘制和编辑图形时,使用"对象捕捉"功能,可捕捉对象上的特殊点,如端点、中点和圆心等。"对象捕捉"功能有两种使用方式,一种是"自动对象捕捉"方式,另一种是"临时捕捉"方式。

1."自动对象捕捉"方式

可以用鼠标右键单击状态栏上的"捕捉模式"按钮(或单击该按钮后的下拉按钮),系统会弹出"对象捕捉"快捷菜单,选择所要捕捉的选项,如图2-7(a)所示。或者选择"对象捕捉设置"选项,打开"草图设置"对话框,在"对象捕捉"选项卡中设置需要捕捉的点,然后单击"确定"按钮,如图2-7(b)所示。按 F3 功能键可快速启动和关闭"对象捕捉"功能。

(a)　　　　　　　　　　　　　　(b)

图2-7　"对象捕捉"的设置

2."临时捕捉"方式

所谓"临时捕捉"方式,是指使用一次后不再起作用的捕捉方式。临时捕捉方式是通过使用"对象捕捉"快捷菜单来设置的。

当要求用户指定点时,按下 Shift 键或者 Ctrl 键,同时在绘图区任一点单击鼠标右键,打开"对象捕捉"快捷菜单,如图2-8所示。利用该快捷菜单用户可以选择相应的对象捕捉模式。其中,"点过滤器"选项用于捕捉满足指定坐标条件的点;"两点之间的中点"选项用于捕捉选定的两点的中间点。

五、"对象捕捉追踪"功能

"对象捕捉追踪"功能是利用已有图形对象上的捕捉点来捕捉其他特征点的又一种快捷作图方法,具体使用方法详见第3章3.2节。

图2-8　"对象捕捉"快捷菜单

六、"动态输入"功能

当启动或打开状态栏上的"动态输入"功能时,在绘制图形时会给出长度和角度的提示。提示外观可在"草图设置"对话框的"动态输入"选项卡中设置,如图2-9所示。

在动态提示输入标注值时按 Tab 键,表示进入下一个输入。

图2-9   "动态输入"选项卡

七、"线宽"功能

绘图时如果线条有不同的线宽,选中状态栏上的"线宽"按钮(若状态栏上未显示"线宽"按钮,则可通过状态栏上的"自定义"按钮,将其显示在状态栏上),就可以在屏幕上显示不同线宽的对象。

2.5 控制图形的显示

用户在绘图的时候,因为受到屏幕大小的限制及绘图区域大小的影响,需要频繁地移动绘图区域。这个问题由图形显示控制来解决。

一、视图缩放

按照一定的比例、观察角度与位置显示的图形称之为视图。作为专业的绘图软件,AutoCAD 2024提供"缩放"命令来完成此项功能。该命令可以对视图进行放大或缩小,而对图形的实际尺寸不产生任何影响。放大时,就像手里拿着放大镜,缩小时,就像站在高处俯视,对设计人员帮助很大。

可以使用以下方法中的任何一种来激活此项功能：

下拉菜单：［视图］［缩放］［"缩放"子菜单的相关命令选项］（图2-10）
命令行窗口：ZOOM↙或Z↙
快捷菜单：在绘图区单击鼠标右键，选择快捷菜单中"缩放"选项
导航栏：其上相应工具（默认情况下，导航栏位于界面右侧，若未显示，则可选择下拉菜
单［视图］［显示］［导航栏］，将其打开）
鼠标：见本章2.1节的表2-1

图2-10 "缩放"子菜单

二、平移

"平移"命令用于移动视图，而不对视图进行缩放。可以使用以下方法中的任何一种来
激活此项功能：

下拉菜单：［视图］［平移］
命令行窗口：PAN↙
快捷菜单：单击鼠标右键，选择快捷单中"平移"选项
导航栏：其上相应平移工具
鼠标：见本章2.1节的表2-1

三、重画与重生成

重画与重生成都是重新显示图形，但两者的本质不同。重画仅仅是重新显示图形，而重

生成不但重新显示图形,而且将重新生成图形数据,速度上较之前者稍微慢点。可以使用以下方法来激活这两种功能:

1.重画:

下拉菜单:[视图][重画]
命令行窗口:REDRAW↙

2.重生成:

下拉菜单:[视图][重生成]
命令行窗口:REGEN↙

 习题

一、选择题

1.要重复输入一个命令,可在命令行窗口出现"命令:"提示符后,按(　　　)。

A. F1 键 B. 空格 键或 Enter 键

C. 鼠标左键 D. "Ctrl + F1"组合键

2.在确定选择集时,要选择前一个所绘制的图形对象,可采用(　　)选择对象方式。

A. 默认方式 B. "W"方式

C. "L"方式 D. "P"方式

3.在绘图过程中,按(　　)功能键,可打开或关闭对象捕捉模式。

A. F2 B. F3 C. F6 D. F7

4.为了保证整个图形边界在屏幕上可见,应使用(　　)缩放选项。

A."全部" B."上一个" C."比例" D."实时"

5.执行取消命令的按键是(　　)。

A. Enter 键 B. Esc 键

C. 鼠标右键 D. F1 键

6.在十字光标处被调用的菜单为(　　)。

A. 鼠标菜单 B. 十字交叉线菜单

C. 快捷菜单 D. 没有菜单

二、判断题

1.缩放(ZOOM)命令只能改变图形在绘图区上的视觉大小和位置,而不改变图形的实际大小和在图纸上的相对位置。

2. 在 AutoCAD 中，用 F6 键可打开或关闭栅格捕捉功能。

三、简答题

1. 极轴追踪的作用是什么？如何设置极轴角？

2. 如何设置对象捕捉模式？同时捕捉的特征点是否越多越好？

第3章

绘制平面图形

本章要点

　　本章通过绘制一些平面图形,介绍 AutoCAD 常用的绘图与修改命令、绘制平面图形的一般方法、步骤及 AutoCAD 辅助功能的具体应用,使用户能尽快掌握 AutoCAD 的基本作图方法。

素养提升

　　庄子认为天道美的展现是技术的本质,在《庄子》中,描述了"庖丁解牛""运斤成风"等许多工匠形象。工匠精神是一种职业精神,是从业者的一种职业价值取向和行为表现,蕴藏在我们所做的每一件小事之中,所以不要小看我们所绘制的每一个简单的图形。对技艺的研磨,由简单到复杂,永远在路上。

　　读后感:_____

_____

_____

_____

_____

延伸阅读

直线、删除、正交及极轴追踪功能

任务 利用"直线"命令,使用正交、极轴追踪功能绘制如图3-1所示图形。

目的 通过绘制此图形,学习利用正交功能绘制水平线和竖直线,利用极轴追踪功能绘制与水平线呈一定角度的直线。

绘制平面图形(1)

图3-1 平面图形(1)

绘图步骤分解

调用"直线"命令:

> 功能区面板:<默认><绘图><直线>
> 下拉菜单:[绘图][直线]
> 命令行窗口:LINE(L)↙

AutoCAD提示:

命令:_line　　　　　　　　　　　　　　　　//输入"直线"命令

指定第一个点:**单击一点A**　　　　　　　　//在绘图区内指定起始点A

指定下一点或[放弃(U)]:**<正交 开>50**↙　　//打开正交功能,沿竖直向上给定长度50

指定下一点或[放弃(U)]:**<极轴 开>100**↙(启动极轴追踪功能,打开"草图设置"对话框,设定"增量角"为"60"(180−120),"极轴角测量"选择"相对上一段",如图3-2所示)

　　　　　　　　　　　　　　　　　　　　　//光标向左上移动,当出现60°极轴追踪线时输入长度值100

指定下一点或[闭合(C)/放弃(U)]:**<正交 开>70**↙　//打开正交功能,沿水平向左给定长度70

指定下一点或[闭合(C)/放弃(U)]:**90**↙(设定极轴角度为30°,此时"极轴角测量"选择"相对上一段"。如果选择"绝对",因*DE*与*X*轴正向的夹角是210°或−150°,故设定"增量角"为"210"或"−150",如图3-3所示)

　　　　　　　　　　　　　　　　　　　　　//鼠标向左下移动出现30°极轴追踪线时输入长度值90

指定下一点或[闭合(C)/放弃(U)]：<正交 开>80↙　　//打开正交功能，沿竖直
　　　　　　　　　　　　　　　　　　　　向下给定长度80

指定下一点或[闭合(C)/放弃(U)]：C↙　　//闭合
至此，图形绘制完成。

图3-2　设定极轴角(1)

图3-3　设定极轴角(2)

当绘制的图形需要删除时，可调用"删除"命令删除对象。

功能区面板：<默认> <修改> <删除>
下拉菜单：[修改][删除]
命令行窗口：ERASE(E) ↙
键盘：Delete 键

通常，当输入"删除"命令后，用户需要选择要删除的对象，然后按 Enter 键或 空格 键

结束对象选择,同时删除已选择的对象。

提示、注意、技巧

　　1.正交功能和极轴追踪功能不能同时打开,如果打开了正交功能,极轴追踪功能将自动关闭,反之,如果打开了极轴追踪功能,正交功能将自动关闭。
　　2.设定的极轴角可以是正值,也可以是负值。
　　3."极轴角测量"如果选择"绝对"(图3-3),则绘制直线时所形成的角是指直线与X轴正向的夹角。
　　4."极轴角测量"如果选择"相对上一段"(图3-2),则绘制直线时所形成的角是指该直线与上段直线(如AB直线,由A到B绘制,则A→B为正向)所成的角度,其中逆时针为正,顺时针为负。

3.2　圆、对象捕捉及对象捕捉追踪功能

　　任务　利用"直线"和"圆"命令,使用极轴追踪、对象捕捉和对象捕捉追踪功能绘制图3-4所示的图形。

绘制平面图形(2)

图3-4　平面图形(2)

　　目的　通过绘制此图形,学习圆的绘制方法;学习如何在绘图过程中利用对象捕捉及对象捕捉追踪功能进行特征点的捕捉。

　　绘图步骤分解

　　1.启动极轴追踪、对象捕捉和对象捕捉追踪功能

下拉菜单:[工具][绘图设置]
状态栏:右击"捕捉模式"按钮,选择快捷菜单中"对象捕捉设置"选项

　　打开"草图设置"对话框,在"对象捕捉"选项卡中勾选"启用对象捕捉"和"启用对象捕捉追踪"复选框,在"对象捕捉模式"选项组中选中"端点"、"中点"和"象限点"三个复选框。在

"极轴追踪"选项卡中设置"增量角"为"45",然后单击"确定"按钮,极轴追踪、对象捕捉和对象捕捉追踪功能均打开。

2.绘制外部正方形

利用"直线"命令及极轴追踪功能,绘制边长为100的正方形。

3.绘制内部正方形

单击下拉菜单[绘图][直线]选项,AutoCAD提示:

命令:_line

指定第一个点:

指定下一点或[放弃(U)]:**捕捉正方形右上边线的中点**

指定下一点或[放弃(U)]:**捕捉正方形右下边线的中点**

指定下一点或[闭合(C)/放弃(U)]:**捕捉正方形左下边线的中点**

指定下一点或[闭合(C)/放弃(U)]:**捕捉正方形左上边线的中点**

指定下一点或[闭合(C)/放弃(U)]:**C** ↙ //闭合

4.绘制圆

调用"圆"命令:

功能区面板:<默认> <绘图> <圆>

下拉菜单:[绘图][圆]

命令行窗口:CIRCLE(C)↙

AutoCAD提示:

命令:_circle

指定圆的圆心或[三点(3P)/两点(2P)/切点、切点、半径(T)]:**单击一点**

//光标在内部小正方形左边中点滑过出
现中点标识后,移动至上边中点处出
现标识后向下移动,出现图3-5(a)所
示的追踪标记后单击确定圆心

指定圆的半径或[直径(D)]<35.3553>:**向上移动光标,捕捉内部正方形边的中点**

//如图3-5(b)所示。

至此,图形绘制完成。

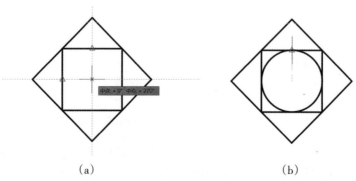

(a) (b)

图3-5 绘制圆

提示、注意、技巧

　　极轴追踪与对象捕捉追踪最大的不同在于：对象捕捉追踪需要在图样中有可以捕捉的对象，而极轴追踪没有这个要求。

3.3　镜像及临时捕捉功能

任务　绘制如图3-6所示的图形。

目的　通过绘制此图形，学习"镜像"命令的使用、临时捕捉特征点的方法。

绘图步骤分解

1.绘制圆

调用"圆"命令，绘制直径为100的圆：

命令：_circle

指定圆的圆心或［三点(3P)/两点(2P)/切点、切点、半径(T)］：**单击**

//在绘图区选取一点为圆心

指定圆的半径或［直径(D)］<20.0000>：**50**✓　　　//绘制直径为100的圆

回车，再次调用"圆"命令：

命令：_circle

指定圆的圆心或［三点(3P)/两点(2P)/切点、切点、半径(T)］：**100**✓

//光标在直径为100的圆心处移动，当出现圆心标记时向右移动光标，出现延伸直线时，如图3-7所示，由键盘输入100

指定圆的半径或［直径(D)］<50.0000>：**20**✓　　　//给定圆半径

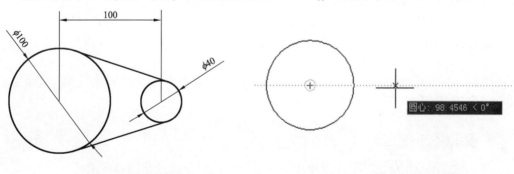

图3-6　平面图形(3)　　　　　　　　　　　　图3-7　绘制圆

2.绘制上面切线

调用"直线"命令,绘制切线:

命令:_line

指定第一个点:(按住 Shift 键,单击鼠标右键,在弹出的"临时捕捉"快捷菜单中选择"切点"选项)_tan 到 当大圆上出现递延切点标记后单击

//如图3-8(a)所示

指定下一点或[放弃(U)]:(再次打开"临时捕捉"快捷菜单,选择"切点"选项)_tan 当小圆上出现递延切点标记后单击　　//绘制出上侧的切线

指定下一点或[放弃(U)]:↙　　//结束命令,完成图3-8(b)所示图形

 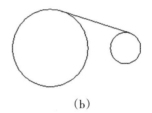

(a)　　　　　　　　　　　　(b)

图3-8　绘制上面切线

3.绘制下面切线

调用"镜像"命令:

功能区面板:<默认> <修改> <镜像>
下拉菜单:[修改][镜像]
命令行窗口:MIRROR(MI)↙

AutoCAD提示:

命令:_mirror

选择对象:选择刚绘制的上面的切线

选择对象:↙　　//确定不再选择对象时回车

指定镜像线的第一点:选择大圆的圆心

指定镜像线的第二点:选择小圆的圆心　　//以此两点连线为镜像线

要删除源对象吗?[是(Y)/否(N)]<否>:↙　　//确定不删除原来对象时回车,完成图的绘制

补充知识

1.绘制圆的方式

在"绘图"下拉菜单的"圆"子菜单中有六种圆的绘制方式,如图3-9所示。

圆心、半径(R)
圆心、直径(D)

两点(2)
三点(3)

相切、相切、半径(T)
相切、相切、相切(A)

图3-9 圆的六种绘制方式

2."圆"的命令选项

执行"圆"命令时,AutoCAD提示:

指定圆的圆心或[三点(3P)/两点(2P)/切点、切点、半径(T)]

命令选项含义说明如下:

(1)两点(2P):指定两点作为圆的一条直径上的两点画圆。

(2)三点(3P):指定圆周上三点画圆。

(3)切点、切点、半径(T):圆的半径为已知,绘制一个与两对象相切的圆。有时会有多个圆符合指定的条件。AutoCAD以指定的半径绘制圆,其切点与选定点的距离最近。

图3-10给出了六种方式绘制圆的实例:

图3-10 六种方式绘制圆的实例

> **提示、注意、技巧**
>
> 1.绘制圆时,当圆切于直线时,不一定和直线有明显的切点,可以是直线延长后的切点。
>
> 2.执行"镜像"命令时还可以选择删除源对象,由已知条件确定不同的选项。

3.4 点

任务 绘制平面图形,如图3-11所示,其中*B*、*C*两点分别为线段*AD*的等分点。

目的 通过绘制此图形,学习绘制点的方法。

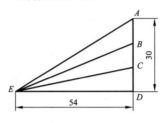

图3-11 平面图形(4)

绘图步骤分解

1.绘制三角形*ADE*

利用"直线"命令绘制三角形*ADE*。

2.将线段*AD*三等分

调用"定数等分"命令:

> 功能区面板:<默认> <绘图> <定数等分>
>
> 下拉菜单:[绘图][点][定数等分]
>
> 命令行窗口:DIVIDE ↙

AutoCAD提示:

命令:_divide

选择要定数等分的对象:**单击线段*AD***　　　　　　//选择目标

输入线段数目或[块(B)]:**3**↙　　　　　　//等分线段数为3

3.变换点的样式

> 下拉菜单:[格式][点样式]

执行上述操作后,系统打开"点样式"对话框,如图3-12所示,选择除第一、第二种以外任何一种即可。如果选择第六种样式,图形变成如图3-13所示,直观地显示出点等分线段的情况。

4.连接*EB*和*EC*两直线

注意:捕捉*B*点和*C*点时,利用节点捕捉。

图3-12　"点样式"对话框

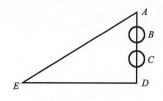

图3-13　显示点样式

5.删除 *B*、*C* 两点

方法 1 :将 *B*、*C* 两点选上,删除。

方法 2 :将点式样恢复为原来的样式。

至此,图形绘制完成。

🖉 补充知识

1.点的定数等分

　　点除了可以用于等分线段,还可用于等分圆弧、圆、椭圆、椭圆弧、多段线和样条曲线。如图3-14所示为等分圆弧。

图3-14　等分圆弧

2.点的定距等分

点除了可以用于定数等分,还可以对线段或圆弧等进行定距等分,如图3-15所示。

调用"定距等分"命令:

功能区面板:<默认> <绘图> <定距等分>

下拉菜单:[绘图][点][定距等分]

命令行窗口:MEASURE ✓

AutoCAD 提示:

命令:_measure

选择要定距等分的对象:**选择图中长为60的线段**　　//选择目标,要单击线段的左端
指定线段的长度:**25**↙　　　　　　　　　　　　//等距线段长为25

图3-15　定距等分

3.绘制单独的点

下拉菜单:[绘图][点][单点]

可在绘图区内单击,绘制一个点,绘制完一个点后,自动结束命令。

4.绘制多个点

功能区面板:<默认> <绘图> <多点>
下拉菜单:[绘图][点][多点]
命令行窗口:POINT ↙

可在绘图区内多次单击,绘制多个点。执行多点绘制时,只能按 Esc 键结束命令。

5.“点样式”对话框中“点大小”的设置

可以相对于屏幕设置点的大小,也可以用绝对单位设置点的大小。AutoCAD将点的显示大小存储在 PDSIZE 系统变量中。以后绘制的点对象将使用新值。

(1)相对于屏幕设置点的大小

按屏幕尺寸的百分比设置点的显示大小。当进行缩放时,点的显示大小并不改变。

(2)按绝对单位设置点的大小

按“点大小”指定的实际单位设置点的显示大小。当进行缩放时,AutoCAD 显示的点的大小随之改变。

> **提示、注意、技巧**
>
> 　　1.定距等分或定数等分的起点随对象类型变化。
> 　　(1)对于线段或非闭合的多段线,起点是距离选择点最近的端点。
> 　　(2)对于闭合的多段线,起点是多段线的起点。
> 　　2.“点”命令的主要应用是等分线段,在实际中很少应用“单个点”或“多个点”来绘制图形。

圆弧、移动和复制

任务　绘制平面图形,如图3-16所示。

目的　通过绘制此图形,学习绘制圆弧的方法,学习"移动"和"复制"命令及其应用。

图3-16　平面图形(5)

绘图步骤分解

1.绘制ϕ40的圆

绘制直径为40的圆,圆心位置可在绘图区内任取一点。

2.绘制ϕ20的圆

绘制直径为20的圆,圆心位置可在绘图区内任取一点。

3.利用"移动"命令移动小圆

调用"移动"命令:

```
功能区面板:<默认> <修改> <移动>
下拉菜单:[修改][移动]
命令行窗口:MOVE(M)↙
```

AutoCAD提示:

命令:_move

选择对象:**选择小圆**　　　　　　　　　　　　　　　//选择要移动的图形

选择对象:↙　　　　　　　　　　　　　　　　　　//确定不选择图形时回车

指定基点或[位移(D)]<位移>:**<对象捕捉 开> 捕捉小圆上一个象限点**

指定位移的第二个点或 <使用第一个点作为位移>:**移动光标捕捉大圆上对应的象限点**

以上步骤如图3-17(a)所示。

4.利用"镜像"命令绘制第二个小圆

利用"镜像"命令绘制出右侧ϕ20的圆,如图3-17(b)所示。

5.利用"复制"命令绘制第三个小圆

调用"复制"命令：

```
功能区面板:<默认> <修改> <复制>
下拉菜单:[修改][复制]
命令行窗口:COPY(CO)↙
```

AutoCAD提示：

命令: _copy

选择对象: **选择左侧小圆**   //选择其中一小圆

选择对象:↙   //确定不选物体时回车

指定基点或[位移(D)/模式(O)]<位移>: **捕捉左侧小圆上面的象限点**

指定第二个点或[阵列(A)]<使用第一个点作为位移>: **移动光标到大圆下象限点处并单击**

图形如图3-17(c)所示。

同理,利用"复制"或"镜像"命令绘制另一个小圆,如图3-17(d)所示。

6.绘制直线

利用"直线"命令及象限捕捉功能绘制各段直线,如图3-17(e)所示。

7.绘制第一段圆弧

利用"圆弧"命令绘制第一段圆弧,如图3-17(f)所示。

调用"圆弧"命令：

```
功能区面板:<默认> <绘图> <圆弧>
下拉菜单:[绘图][圆弧]
命令行窗口:ARC(A)↙
```

AutoCAD提示：

命令: _arc

指定圆弧的起点或[圆心(C)]: **<对象捕捉 开> 捕捉直线上A点**
      //A点作为圆弧的起点

指定圆弧的第二个点或[圆心(C)/端点(E)]: **C**↙   //第二点未知,故可选择圆心(C)或端点(E),本例选择圆心(C)

指定圆弧的圆心: **捕捉直线AB的中点O**   //O点为所绘圆弧的圆心

指定圆弧的端点(按住Ctrl键以切换方向)或[角度(A)/弦长(L)]: **按住Ctrl键以切换方向,捕捉B点**   //由于系统默认圆弧为沿逆时针方向绘制,若直接选端点,圆弧方向与已知不符,此时按住Ctrl键,圆弧变为沿顺时针方向绘制。或选择"角度(A)"选项,指定包含角为"-180"

8.绘制另三段圆弧

利用"镜像"命令绘制另三段圆弧,完成全图,如图3-17(g)、3-17(h)所示。

至此,图形绘制完成。

（a)图形的平移　　　　　　　　　　　　　　　（b)图形的镜像

（c)图形的复制　　　　（d)完成圆的绘制　　　　（e)直线的绘制

（f)绘制第一段圆弧　　（g)利用"镜像"命令绘制圆弧　（h)利用"镜像"命令绘制另两段圆弧

图3-17　平面图形(5)的绘制过程

💡 **补充知识**

1.有关圆弧的补充知识

在"绘图"下拉菜单的"圆弧"子菜单中有11种圆弧的绘制方式,如图3-18所示,用户可以根据图形要求选择不同的方式绘制圆弧。

图 3-18　绘制圆弧的方式

2.有关"复制"命令的补充知识

利用"复制"命令可以进行多次复制,如图形 3-19 所示。

图 3-19　重复复制对象

提示、注意、技巧

　　1.绘制圆弧时,在命令行窗口的"指定包含角:"提示下所输入的角度的正负将影响圆弧的绘制方向,输入正值为沿逆时针方向绘制圆弧,输入负值为沿顺时针方向绘制圆弧。
　　2."移动"命令和"复制"命令不同之处:移动是把原有图形及特征换了个位置,而复制则是把图形及特征变成两个或多个。

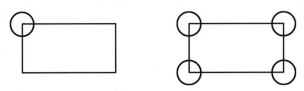

3.6　矩形、椭圆、分解、偏移及修剪

任务　绘制如图 3-20 所示图形。

目的　通过绘制此图形,学习"矩形""椭圆""分解""偏移""修剪"命令及其应用。

绘制平面图形(6)

图3-20 平面图形(6)

绘图步骤分解

图形的绘制过程如图3-21所示。

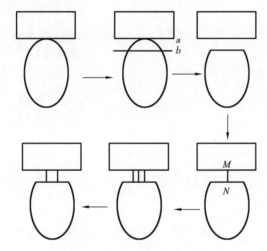

图3-21 平面图形(6)的绘制过程

1.绘制矩形

调用"矩形"命令:

功能区面板:<默认> <绘图> <矩形>
下拉菜单:[绘图][矩形]
命令行窗口:RECTANG(REC)✓

AutoCAD提示:

命令: _rectang
指定第一个角点或[倒角(C)/标高(E)/圆角(F)/厚度(T)/宽度(W)]:**在绘图区内单击确
定一点**   //作为矩形的左下角点
指定另一个角点或[面积(A)/尺寸(D)/旋转(R)]: **D**✓ //选择"尺寸(D)"选项
指定矩形的长度 <10.0000>:**20**✓   //输入矩形长度方向的尺寸
指定矩形的宽度 <10.0000>:**9**✓   //输入矩形宽度方向的尺寸

指定另一个角点或[面积(A)/尺寸(D)/旋转(R)]:**在绘图区内单击确定**

//作为矩形的右上角点

2.绘制椭圆

调用"椭圆"命令:

面板命令:<默认> <绘图> <椭圆> <轴、端点>

下拉菜单:[绘图][椭圆][轴、端点]

命令行窗口:ELLIPSE (EL)✓

AutoCAD提示:

命令:_ellipse

指定椭圆的轴端点或[圆弧(A)/中心点(C)]:**单击矩形底边的中点**

//此点为椭圆长轴的一个端点

指定轴的另一个端点:**<正交 开> 23**✓　　//将正交模式打开,光标向下拖动,输入
　　　　　　　　　　　　　　　　　　　　　　长度值23

指定另一条半轴长度或[旋转(R)]:**7.5**✓　　//将光标拖向左方或右方,输入短半轴
　　　　　　　　　　　　　　　　　　　　　　的长度值7.5

3.将矩形分解

系统将所绘制的矩形作为一个整体来处理,要想修改其中某个元素,应先对矩形进行分解。

调用"分解"命令:

功能区面板:<默认> <修改> <分解>

下拉菜单:[修改][分解]

命令行窗口:EXPLODE ✓

AutoCAD提示:

命令:_explode

选择对象:**选择矩形**　　　　　　　　　　//选择要分解的图形

选择对象:✓　　　　　　　　　　　　　　//回车结束对象的选择

矩形被分解为四条直线段。

4.利用"偏移"命令绘制直线

调用"偏移"命令:

功能区面板:<默认> <修改> <偏移>

下拉菜单:[修改][偏移]

命令行窗口:OFFSET(O)✓

AutoCAD提示:

命令:_offset

指定偏移距离或［通过(T)/删除(E)/图层(L)］<1.0000>：**4**↙

　　　　　　　　　　　　　　　　　　　　//输入两直线的距离

选择要偏移的对象，或［退出(E)/放弃(U)］<退出>：**选择矩形的下边直线 *a***

　　　　　　　　　　　　　　　　　　　//选择用来作为平移的已知直线

指定要偏移的那一侧上的点，或［退出(E)/多个(M)/放弃(U)］<退出>：**将光标移到直线 *a* 的下方并单击**　　　　　　　　　　//确定直线偏移的方向

选择要偏移的对象，或［退出(E)/放弃(U)］<退出>：↙

　　　　　　　　　　　　　　　　　　　//回车结束"偏移"命令

5.利用"修剪"命令修剪直线与圆弧

调用"修剪"命令：

```
功能区面板:<默认> <修改> <修剪 >
下拉菜单:[修改][修剪]
命令行窗口:TRIM(TR)↙
```

AutoCAD 提示：

命令：_trim

当前设置：投影=UCS,边=无,模式=快速

选择要修剪的对象，或按住 Shift 键选择要延伸的对象或［剪切边(T)/窗交(C)/模式(O)/投影(P)/删除(R)］：**单击"剪切边(T)"选项**　　//选择"剪切边(T)"选项

选择剪切边 …　　　　　　　　　　//提示以下的选择为选择剪切边

选择对象或<全部选择>：**单击直线 *b* 找到 1 个**　//直线 *b* 作为修剪边界

选择对象：**单击椭圆 找到 1 个,总计 2 个**　//椭圆作为修剪边界

选择对象：↙　　　　　　　　　　//回车结束剪切边的选择

选择要修剪的对象，或按住 Shift 键选择要延伸的对象或［剪切边(T)/窗交(C)/模式(O)/投影(P)/删除(R)］：**选择直线与椭圆被剪部分**

选择要修剪的对象，或按住 Shift 键选择要延伸的对象或［剪切边(T)/窗交(C)/模式(O)/投影(P)/删除(R)］：↙　　　　　　//回车结束"修剪"命令

6.绘制直线 *MN*

利用"直线"命令绘制直线 *MN*。

7.绘制与 *MN* 距离相等的两直线

利用"偏移"命令将直线 *MN* 向左、右各偏移距离2。

8.删除直线 *MN*

图形绘制完成。

补充知识

1.有关矩形的补充知识——矩形各选项的含义

当输入"矩形"命令时,命令行窗口出现如下提示信息:

命令:_rectang

指定第一个角点或[倒角(C)/标高(E)/圆角(F)/厚度(T)/宽度(W)]:

(1)指定第一个角点:定义矩形的一个顶点,执行该选项后,按系统提示指定矩形的另一个顶点。

(2)倒角(C):绘制带倒角的矩形。

(3)标高(E):定义矩形的高度。

(4)圆角(F):绘制带圆角的矩形。

(5)厚度(T):定义矩形的厚度。

(6)宽度(W):定义矩形的线宽。

各选项含义如图3-22、图3-23所示。其中"标高(E)"、"厚度(T)"选项用于绘制三维空间中的矩形。

(a)宽度为0　　(b)倒角矩形　　(c)圆角矩形　　(d)宽度不为0

图3-22　绘制矩形(1)

图3-23　绘制矩形(2)

2.有关椭圆的补充知识

如图3-24(a)所示,已知椭圆的中心点、长轴和短轴的长度,可利用下拉菜单[绘图][椭圆][圆心]来绘制,如图3-24(b)所示,在功能区"修改"选项卡下"绘图"面板上也可找到相应的命令。

（a）　　　　　　　　　　　　　　　　　（b）

图3-24　已知椭圆中心点绘制椭圆

3.有关"偏移"命令的补充知识

（1）"偏移"命令用于偏移复制线性实体,得到原有实体的平行实体,如图3-25所示。

图3-25　"偏移"命令的应用

（2）当输入"偏移"命令时,AutoCAD提示如下:

指定偏移距离或［通过(T)/删除(E)/图层(L)］<1.0000>:

如果选择"通过(T)"选项,则下一步输入偏移实体的通过点。如图3-26所示,已知直线 *AB* 及圆,过圆心 *O* 作一条直线与 *AB* 平行,且与 *AB* 相等。

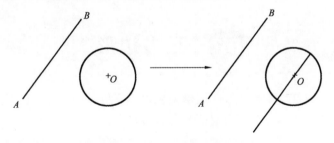

图3-26　通过已知点的偏移

作图步骤如下:

输入"偏移"命令,AutoCAD提示:

命令: _offset

当前设置:删除源=否　图层=源　OFFSETGAPTYPE=0

指定偏移距离或［通过(T)/删除(E)/图层(L)］<1.0000>:**T**✓

　　　　　　　　　　　　　　　//当不知道偏移距离,而直线偏移后通
　　　　　　　　　　　　　　　过的点为已知时,选择此选项

选择要偏移的对象,或[退出(E)/放弃(U)]<退出>:**单击直线 *AB***

　　　　　　　　　　　　　　　　　　　　//选择要偏移的直线 *AB*

指定通过点或[退出(E)/多个(M)/放弃(U)]<退出>:**<对象捕捉 开>捕捉圆心 *O* 点**

　　　　　　　　　　　　　　　　　　　　//得到偏移后的直线

选择要偏移的对象,或[退出(E)/放弃(U)]<退出>:✓　　//回车结束"偏移"命令

图形绘制完成。

提示、注意、技巧

1.绘制倒角矩形时,当输入的倒角距离大于矩形的边长时,倒角不会生成。

2.绘制圆角矩形时,当输入的半径值大于矩形边长时,圆角不会生成。

3."矩形"命令具有继承性,当前绘制矩形时设置的各项参数始终起作用,直至修改该参数或重新启动 AutoCAD。因此在绘制矩形时,当输入"矩形"命令后,应该特别注意命令提示行的命令状态。

4.绘制的矩形是一条多段线,编辑时是一个整体,可以通过"分解"命令使之分解成单条线段。

5."偏移"命令在选择实体时,每次只能选择一个实体。

6."偏移"命令中的偏移距离默认为上次输入的值,所以在执行该命令时,一定要先看一看所给定的偏移距离值是否正确,是否需要进行调整。

7."偏移"命令不仅可用于偏移直线,而且可用于偏移圆、椭圆、正多边形、矩形,生成上述实体的同心结构。

8.在使用"修剪"命令时,可以选中所有参与修剪的实体作为修剪边,让它们互为剪刀。

3.7　正多边形

任务　绘制如图3-27所示图形,此图形内包含正三角形、正方形、正五边形和正六边形。

目的　通过绘制此图形,学习绘制正多边形的方法。

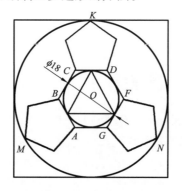

图3-27　平面图形(7)

绘图步骤分解

1.绘制直径为18的圆

2.绘制圆内接正三角形

调用"多边形"命令：

功能区面板：<默认><绘图><多边形>
下拉菜单：[绘图][多边形]
命令行窗口：POLYGON（POL）✓

AutoCAD提示：

命令：_polygon
输入边的数目 <6>：**3**✓   //多边形的边数为3
指定正多边形的中心点或［边(E)］：**捕捉圆心 O 点**✓   //圆心 O 即正三角形的中心点
输入选项［内接于圆(I)/外切于圆(C)］<C>：**I**✓   //此正三角形内接于圆
指定圆的半径：**9**✓   //圆的半径为9

3.绘制圆外切正六边形

输入"多边形"命令，AutoCAD提示：

命令：_polygon
输入边的数目 <3>：**6**✓
指定正多边形的中心点或［边(E)］：**捕捉圆心 O 点**
输入选项［内接于圆(I)/外切于圆(C)］<I>：**C**✓   //此六边形外切于圆
指定圆的半径：**9**✓   //圆的半径为9

4.绘制指定边长的正五边形

输入"多边形"命令，AutoCAD提示：

命令：_polygon
输入边的数目 <6>：**5**✓
指定正多边形的中心点或［边(E)］：**E**✓   //五边形的边长为已知
指定边的第一个端点：**捕捉正六边形上点 A**
指定边的第二个端点：**捕捉正六边形上点 B**
同理绘制出另外两个正五边形。

5.绘制过K、M、N三点的圆

输入"圆"命令，AutoCAD提示：

命令：_circle
指定圆的圆心或［三点(3P)/两点(2P)/切点、切点、半径(T)］：**捕捉 O 点作为圆的圆心**
指定圆的半径或［直径(D)］<9.0000>：**捕捉 K、M、N 三点中的一个点**
              //O 点与该点的连线即此圆的半径

6.绘制大圆的外切正方形

输入"多边形"命令,AutoCAD提示:

命令:_polygon

输入边的数目 <5>:**4**↙

指定正多边形的中心点或[边(E)]:**捕捉O点作为正方形的中心**

输入选项[内接于圆(I)/外切于圆(C)]<C>:↙   //此正方形外切于圆

指定圆的半径:**捕捉圆上K、M、N三点中某一点**   //O点与该点的连线即此圆的
                  半径

图形绘制完成。

提示、注意、技巧

 1.如果已知正多边形中心与每条边端点之间的距离,就选择"内接于圆(I)"选项。

 2.如果已知正多边形中心与每条边中点之间的距离,就选择"外切于圆(C)"选项。

 3.当所绘制的正多边形水平放置时,可直接输入内接圆或外切圆的半径。

 4.若绘制的正多边形是一条多段线,则编辑时其是一个整体,可以通过"分解"命令使之分解成单个的线段。

3.8 倒角、圆角及旋转

任务 绘制如图3-28所示图形。

目的 通过绘制此图形,学习"倒角""圆角""旋转"命令及其应用。

图3-28 平面图形(8)

绘图步骤分解

图形的绘制过程如图3-29所示。

图3-29 平面图形(8)的绘制过程

1.绘制矩形

利用"矩形"命令或"直线"命令,绘制长为60、宽为40的矩形。

2.对矩形左上角倒角

调用"倒角"命令:

```
功能区面板:<默认> <修改> <倒角>
下拉菜单:[修改][倒角]
命令行窗口:CHAMFER(CHA)↙
```

AutoCAD 提示:

命令:_chamfer

("修剪"模式)当前倒角距离 1 = 0.0000,距离 2 = 0.0000

//提示当前所处的倒角模式及数值

选择第一条直线或[放弃(U)/多段线(P)/距离(D)/角度(A)/修剪(T)/方式(E)/多个(M)]:**A**↙   //选择用"角度"方式输入倒角值

指定第一条直线的倒角长度 <0.0000>:**5**↙   //第一条直线的倒角距离为5

指定第一条直线的倒角角度 <0>:**45**↙   //倒角斜线与第一条直线的夹角为45°

选择第一条直线或[放弃(U)/多段线(P)/距离(D)/角度(A)/修剪(T)/方式(E)/多个

(M)]:选择直线 b

选择第二条直线,或按住 Shift 键选择直线以应用角点或[距离(D)/角度(A)/方法

(M)]:选择直线 a   //完成倒角绘制

3.对矩形右上角倒角

调用"倒角"命令,AutoCAD 提示:

命令:_chamfer

("修剪"模式)当前倒角长度 = 5.0000,角度 = 45

//提示当前所处的倒角模式及数值

选择第一条直线或[放弃(U)/多段线(P)/距离(D)/角度(A)/修剪(T)/方式(E)/多个

(M)]:**T**↙   //当前模式为"修剪"模式,根据图中要

求,应对其进行修改

输入修剪模式选项[修剪(T)/不修剪(N)]<修剪>:**N**↙

//更改"修剪"模式为"不修剪"

选择第一条直线或［放弃(U)/多段线(P)/距离(D)/角度(A)/修剪(T)/方式(E)/多个
(M)］: **D**✓　　　　　　　　　　　　//根据已知图形,选择用"距离"方式输
　　　　　　　　　　　　　　　　　　　　入倒角值

指定第一个倒角距离 <0.0000>: **6**✓　　//第一条直线的倒角距离为6
指定第二个倒角距离 <6.0000>: **3**✓　　//第二条直线的倒角距离为3
选择第一条直线或［放弃(U)/多段线(P)/距离(D)/角度(A)/修剪(T)/方式(E)/多个
(M)］:**选择直线 *b***

选择第二条直线,或按住 Shift 键选择直线以应用角点或［距离(D)/角度(A)/方法
(M)］:**选择直线 *c***　　　　　　　　//完成倒角绘制

4.对矩形左下角倒圆角

调用"圆角"命令:

```
功能区面板:<默认><修改><圆角>
下拉菜单:[修改][圆角]
命令行窗口:FILLET(F)✓
```

AutoCAD 提示:

命令: _fillet
当前设置: 模式 = 不修剪,半径 = 0.0000　　//提示当前所处的圆角模式及数值
选择第一个对象或［放弃(U)/多段线(P)/半径(R)/修剪(T)/多个(M)］: **R**✓
　　　　　　　　　　　　　　　　　　　　//需要更改圆角半径值
指定圆角半径 <0.0000>:**10**✓　　//此时默认值是0,重新输入半径值10
选择第一个对象或［放弃(U)/多段线(P)/半径(R)/修剪(T)/多个(M)］:**选择直线 *a***
选择第二个对象,或按住 Shift 键选择对象以应用角点或［半径(R)］:**选择直线 *d***
　　　　　　　　　　　　　　　　　　　　//完成圆角绘制

5.对矩形右下角倒圆角

调用"圆角"命令,AutoCAD 提示:
命令: _fillet
当前设置: 模式 = 不修剪,半径 = 10.0000　　//提示当前所处的圆角模式及数值
选择第一个对象或［放弃(U)/多段线(P)/半径(R)/修剪(T)/多个(M)］: **T**✓
　　　　　　　　　　　　　　　　　　　　//当前模式为"不修剪"模式,根据图中
　　　　　　　　　　　　　　　　　　　　要求,应对其进行修改
输入修剪模式选项［修剪(T)/不修剪(N)］<修剪>: **T**✓
　　　　　　　　　　　　　　　　　　　　//更改修剪模式为"修剪"
选择第一个对象或［放弃(U)/多段线(P)/半径(R)/修剪(T)/多个(M)］: **R**✓
　　　　　　　　　　　　　　　　　　　　//需要更改圆角半径
指定圆角半径 <10.0000>: **5**✓
选择第一个对象或［放弃(U)/多段线(P)/半径(R)/修剪(T)/多个(M)］:**选择直线 *d***

选择第二个对象,或按住 Shift 键选择对象以应用角点或 [半径(R)]:**选择直线 *c***

//完成圆角绘制

6.旋转图形

利用"旋转"命令旋转图形,完成整个图形的绘制。

调用"旋转"命令:

> 功能区面板:<默认> <修改> <旋转>
>
> 下拉菜单:[修改][旋转]
>
> 命令行窗口:ROTATE(RO)↙

AutoCAD提示:

命令:_rotate

UCS 当前的正角方向：ANGDIR=逆时针 ANGBASE=0　　//提示当前相关设置

选择对象:**选择整个图形 找到 8 个**　　//选择要旋转的图形

选择对象:↙　　//回车结束选择

指定基点:**捕捉图形上任意一点,如左下角**　　//指定旋转过程中保持不动的点

指定旋转角度,或 [复制(C)/参照(R)]: **48**↙　　//图形绕基点沿逆时针方向旋转48°

完成图形的绘制。

💡 补充知识

"旋转"命令的两种绘图方式:

1.直接输入角度

绘图步骤参见图3-29所示图形的绘制过程的最后一步。

2.参照旋转

(1)将已知图形旋转到给定的位置

将图3-30(a)中矩形经过旋转变成图3-30(b)所示的形式。

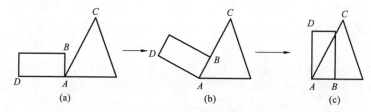

图3-30　使用参照进行旋转

输入"旋转"命令,AutoCAD提示:

命令:_rotate

UCS 当前的正角方向：ANGDIR=逆时针 ANGBASE=0 　//提示当前相关设置

选择对象：**选择矩形** 找到 1 个 　//选择要旋转的矩形

选择对象：✓ 　//回车结束对图形的选择

指定基点：**<对象捕捉 开>捕捉 A 点** 　//选择不动的点 A

指定旋转角度或[复制(C)/参照(R)]：**R** ✓ 　//由于旋转角度不能直接确定，此时可选择参照旋转法来进行旋转

指定参照角 <0>：**捕捉矩形的 A 点**

指定第二点：**捕捉矩形的 B 点**

指定新角度或[点(P)]：**捕捉三角形的 C 点**

(2)将已知图形旋转到给定的角度

将图 3-30(b)中矩形经过旋转变成图 3-30(c)所示的形式。

输入"旋转"命令，AutoCAD 提示：

命令：_rotate

UCS 当前的正角方向：ANGDIR=逆时针 ANGBASE=0 　//提示当前相关设置

选择对象：**选择矩形** 找到 1 个 　//选择要旋转的矩形

选择对象：✓ 　//回车结束对图形的选择

指定基点：**捕捉 A 点** 　//选择不动的点 A

指定旋转角度或[复制(C)/参照(R)]：**R** ✓ 　//由于旋转角度不能直接确定，此时可选择参照旋转法来进行旋转

指定参照角 <0>：**捕捉矩形的 A 点**

指定第二点：**捕捉矩形的 D 点**

指定新角度或[点(P)]<0>：**90** ✓ 　//将 AD 旋转到与 X 轴正向呈 90°

图形绘制完成。

提示、注意、技巧

1."倒角"命令中的距离值与"圆角"命令中的半径值及"倒角""圆角"模式总是默认为与上次操作相同，所以在执行该命令时，一定要先看一看所给定的各项参数是否正确，是否需要进行调整。

2.执行"倒角"命令时，当两个倒角距离不同的时候，要注意两条线的选择顺序。

3.当使用角度旋转时，旋转角度有正负之分，沿逆时针方向旋转为正值，沿顺时针方向旋转为负值。

4."倒角"命令与"圆角"命令均可应用于多段线。

5.如图 3-31 所示，如果将图 3-31(a)变为图 3-31(b)，使原来不平行的两条直线相交，可对其进行倒圆角，半径值为 0。

图3-31 对图形进行倒0角

6.当圆角半径大于某一边时,圆角不能生成。

7."圆角"命令可以应用于圆弧连接,如图3-32所示,用R10的圆弧把图3-32(a)中两条直线连接起来变为3-32(b),即可用"圆角"命令。

图3-32 圆弧连接

3.9 缩 放

任务 绘制图3-33(a)所示图形,并将其进行比例缩放,变为图3-33(b)所示的图形。

图3-33 平面图形(9)

目的 通过绘制此图形,学习"缩放"命令及其应用。

绘图步骤分解

1.图形分析

如图3-34所示,连接已知图形中四个圆的圆心,得到一个直角三角形,通过分析左边直角边和斜边的长度可以看出,斜边的长度是直角边长度的两倍,因此,直角三角形的一个锐角是30°。具体绘图步骤如图3-35所示。

图 3-34　图形分析

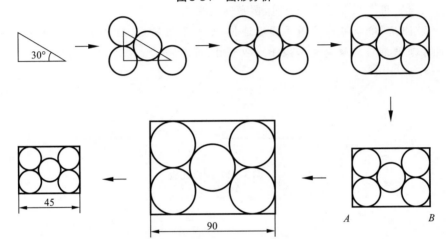

图 3-35　平面图形(9)的绘制过程

2.绘制直角三角形

绘制一个直角三角形,保证一个锐角是 30°,例如,可取一条直角边长 20,斜边长 40。

3.绘制 4 个圆形

分别以该直角三角形的 3 个顶点和斜边的中点为圆心,绘制半径为 10 的圆。

4.绘制第 5 个圆形

利用"镜像"命令,镜像出右上角的圆,删除三角形的 3 条边。

5.绘制 4 条直线

捕捉 4 个圆的象限点绘制出 4 段直线。

6.作出 4 段直线的 4 个角点

利用"圆角"命令,对 4 条边倒半径是 0 的圆角。

6.利用参照对图形进行缩放

调用"缩放"命令:

```
功能区面板:<默认><修改><缩放>
下拉菜单:[修改][缩放]
命令行窗口:SCALE(SC)↙
```

AutoCAD 提示：

命令：_scale

选择对象：**选择需要缩放的图形 找到 1 个** //选择图形

选择对象：↙ //回车结束对象的选择

指定基点：**捕捉图形上缩放过程中不动的点** //此例可选择矩形的左下角 *A* 点

指定比例因子或［复制(C)/参照(R)］：**R**↙ //由于比例因子没有直接给出,但缩放
后的实体长度已知,可选择"参照(R)"
选项

指定参照长度 <1>：**捕捉矩形左下角 *A* 点**

指定第二点：**捕捉矩形右下角 *B* 点**

指定新长度：**90**↙ //根据已知条件,将线段 *AB* 长度变为 90

完成图 3-33(a)的绘制。

7.利用比例因子对图形进行缩放

输入"缩放"命令,AutoCAD 提示：

命令：_scale

选择对象：**选择图形 找到 1 个** //选择刚刚完成的图 3-33(a)

选择对象：↙ //回车结束对象选择

指定基点：**捕捉图形上缩放过程中不动的点** //此例可任指定一点,如矩形的左下角 *A* 点

指定比例因子或［复制(C)/参照(R)］：**0.5**↙ //输入比例因子

图形由 3-33(a)变成 3-33(b),完成图形的绘制。

提示、注意、技巧

1.比例缩放真正改变了图形的大小,和图形显示中缩放(ZOOM)命令的缩放不同,ZOOM命令只改变图形在屏幕上的显示大小,图形本身大小没有任何变化。

2.采用比例因子缩放时,比例因子为1时,图形大小不变;小于1时图形将缩小;大于1时,图形将放大。

3.10 对 齐

任务 绘制如图 3-36(a)所示平面图形,再将该图形分别变为图 3-36(b)及图 3-36(c)所示形式。

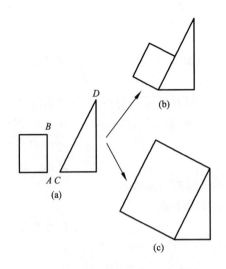

图3-36   平面图形(10)

目的 通过绘制此图形,学习"对齐"命令及其应用。

绘图步骤分解

1.绘制基本平面图形,如图3-36(a)所示

利用"矩形""直线"命令,绘制一个矩形和一个三角形,尺寸自行设定。

2.将图3-36(a)经过编辑变为如图3-36(b)所示图形

此过程用"对齐"命令来完成,调用"对齐"命令:

功能区面板:<默认><修改><对齐>
下拉菜单:[修改][三维操作][对齐]
命令行窗口:ALIGN(AL)✓

AutoCAD提示:

命令:_align

选择对象:**选择矩形 找到 1 个** 　　　　　//选择要移动的实体

选择对象:✓ 　　　　　　　　　　　　　　//回车结束对象的选择

指定第一个源点:**选择矩形上 A 点**

指定第一个目标点:**选择三角形上 C 点**

指定第二个源点:**选择矩形上 B 点**

指定第二个目标点:**选择三角形上 D 点**

指定第三个源点或 <继续>:✓ 　　　　　//回车结束选择(对于三维实
　　　　　　　　　　　　　　　　　　　　　体,可继续选择)

是否基于对齐点缩放对象?[是(Y)/否(N)]<否>:✓　　//实体对齐时,不进行缩放

结果如图3-36(b)所示。

3.将图3-36(a)经过编辑变为图3-36(c)所示图形

此过程用"对齐"命令来完成,步骤同上,只是当提示最后一行:"是否基于对齐点缩放对

象? [是(Y)/否(N)] <否>:"时,选择"是(Y)"选项,表示图形在对齐过程中按目标大小进行
缩放。结果如图 3-36(c)所示。

　　至此,图形绘制完成。

> **提示、注意、技巧**
>
> 　　"对齐"命令是"移动"、"旋转"和"缩放"三个命令的组合。也就是说,如果没有
> 学习"对齐"命令,可以使用"移动"、"旋转"和"缩放"命令来完成相同的任务。

3.11　延伸、拉伸及拉长

任务　绘制平面图形,如图 3-37(a)所示,再将该图形经图 3-37(b)、图 3-37(c)变为如图
3-37(d)所示的图形。

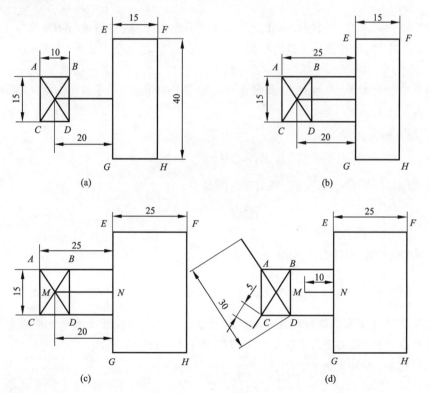

(a)　　　　　　　　　　(b)

(c)　　　　　　　　　　(d)

图 3-37　平面图形(11)

目的　通过绘制此图形,学习延伸、拉伸和拉长等内容。

绘图步骤分解

1.绘制基本平面图形

根据已知图形尺寸,利用"矩形"、"移动"和"直线"命令,"捕捉"及"对象捕捉追踪"功能绘制图3-37(a)所示图形。

2.将图3-37(a)经过编辑变为如图3-37(b)所示图形

此过程用"延伸"命令来完成,调用"延伸"命令:

功能区面板:<默认> <修改> <延伸>
下拉菜单:[修改][延伸]
命令行窗口:EXTEND(EX)✓

AutoCAD提示:

命令:_extend
当前设置:投影=UCS,边=无,模式=快速　　　　　　　//提示当前设置
选择要延伸的对象,或按住 Shift 键选择要修剪的对象或[边界边(B)/窗交(C)/模式(O)/投影(P)]:**单击直线 AB 的右侧**　　　　　　//使直线 AB 沿 AB 方向延伸到
　　　　　　　　　　　　　　　　　　　　　　下一段线
选择要延伸的对象,或按住 Shift 键选择要修剪的对象或[边界边(B)/窗交(C)/模式(O)/投影(P)/放弃(U)]:**单击直线 CD 的右侧**　　　　　//使直线 CD 沿 CD 方向延伸到
　　　　　　　　　　　　　　　　　　　　　　下一段线
选择要延伸的对象,或按住 Shift 键选择要修剪的对象或[边界边(B)/窗交(C)/模式(O)/投影(P)/放弃(U)]:✓　　　　　　//回车结束延伸命令
结果如图3-37(b)所示。

3.将图3-37(b)经过编辑变为如图3-37(c)所示图形

此过程用"拉伸"命令来完成,调用"拉伸"命令:

功能区面板:<默认> <修改> <拉伸>
下拉菜单:[修改][拉伸]
命令行窗口:STRETCH ✓

AutoCAD提示:

命令:_stretch
以交叉窗口或交叉多边形选择要拉伸的对象...　　//提示选择对象的方式
选择对象:**利用交叉窗口选择矩形 EFHG 的 GH、HF、FE 各边**
指定对角点:找到 3 个
选择对象:✓　　　　　　　　　　　　　　//回车结束对象选择
指定基点或[位移(D)]<位移>:**单击图形内任意一点**　　//指定拉伸基点
指定位移的第二个点或 <使用第一个点作位移>:**<正交 开> 10** ✓
　　　　　　　　　　　//打开正交模式,将光标移向
　　　　　　　　　　　基点的右方,输入距离值10

结果如图3-37(c)所示。

4.将图3-37(c)经过编辑变为如图3-37(d)所示图形

(1)将直线*DA*拉长,使该直线的总长变为30。

此过程用"拉长"命令来完成,调用"拉长"命令:

```
功能区面板:<默认><修改><拉长>
下拉菜单:[修改][拉长]
命令行窗口:LENGTHEN(LEN)↙
```

AutoCAD提示:

命令:_lengthen

选择要测量的对象或[增量(DE)/百分比(P)/总计(T)/动态(DY)]<总计(T)>:↙
　　　　　　　　　　　　　　　　　　　　　　//已知直线变化后的总
　　　　　　　　　　　　　　　　　　　　　　长,直接回车,选择"总
　　　　　　　　　　　　　　　　　　　　　　计(T)"选项

指定总长度或[角度(A)]<1.0000>:**30**↙　　//输入长度值
选择要修改的对象或[放弃(U)]:**单击直线*DA*靠*A*部分**　//选择要拉长的直线
选择要修改的对象或[放弃(U)]:↙　　//回车结束对象选择

结果直线*DA*长度变为30。

(2)将直线*BC*拉长,拉长量为5。

调用"拉长"命令,AutoCAD提示:

命令:_lengthen

选择要测量的对象或[增量(DE)/百分比(P)/总计(T)/动态(DY)]<总计(T)>: **DE**↙
　　　　　　　　　　　　　　　　　　　　　　//已知直线的增量,选择
　　　　　　　　　　　　　　　　　　　　　　此选项

输入长度增量或[角度(A)]<0.0000>:**5**↙　　//输入增量值为5
选择要修改的对象或[放弃(U)]:**单击直线*BC*靠下部分**　//选择要拉长的直线
选择要修改的对象或[放弃(U)]:↙　　//回车结束对象选择

结果直线*BC*在原来的基础上拉长5。

(3)将直线*MN*缩短,长度为原来的一半。

调用"拉长"命令,AutoCAD提示:

命令:_lengthen

选择要测量的对象或[增量(DE)/百分比(P)/总计(T)/动态(DY)]<增量(DE)>:**P**↙
　　　　　　　　　　　　　　　　　　　　　　//已知直线变化的百分
　　　　　　　　　　　　　　　　　　　　　　比,选择此选项

输入长度百分数<100.0000>:**50**↙　　//长度变为原来的一半
选择要修改的对象或[放弃(U)]:**单击直线*MN*左侧**　//选择要变化的直线
选择要修改的对象或[放弃(U)]:↙　　//回车结束对象选择

结果直线*MN*在原来的基础上缩短一半。

图形绘制完成。

提示、注意、技巧

　　1.使用"拉伸"命令时,选择对象必须用交叉窗口或交叉多边形选择方式。其中必须确定好端点是否应该包含在被选择的窗口中,如果端点被包含在窗口中,则该点会同时被移动,否则该点不会被移动。

　　2.使用"拉长"命令,拉长或缩短时从被选择对象的近距离端开始。

　　3.使用"拉长"命令的"增量(DE)"选项时,拉长的长度可正可负。正值时,实体被拉长,负值时实体被缩短。

　　4.使用"拉长"命令的"百分比(P)"选项时,百分数为100时,实体不发生变化;百分数小于100时,实体被缩短;百分数大于100时,实体被拉长。

　　5.使用"拉长"命令的"动态(DY)"选项时,可根据需要对直线或圆弧沿原方向任意拉长或缩短。

3.12　阵　列

　　任务　绘制平面图形,如图3-38所示。此图为一炉具的示意图,其中圆的半径为80,直线的长度为100,直线上距圆心近的点到圆心的距离为25,行间距为400,列间距为420。

　　目的　通过绘制此图形,学习阵列命令及其应用。

　　绘图步骤分解

　　1.绘制其中一个基本平面图形——如图3-38所示左下角的图形

　　先利用"圆"、"直线"命令和"对象捕捉追踪"功能绘制如图3-39(a)所示图形,再利用"环形阵列"命令完成一个基本图形的绘制。步骤如下:

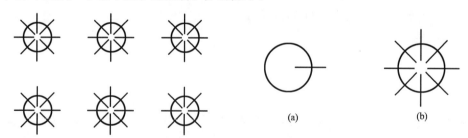

图3-38　平面图形(12)　　　　　　　　图3-39　环形阵列

　　调用"环形阵列"命令:

> 功能区面板:<默认><修改><环形阵列>
> 下拉菜单:[修改][阵列][环形阵列]
> 命令行窗口:ARRAYPOLAR↙

AutoCAD 提示：

命令：_ arraypolar

选择对象：**单击直线 找到 1 个**   //选择用来环形阵列的图3-39(a)
中的直线

选择对象：↙   //回车结束对象的选择

指定阵列的中心点或［基点(B)/旋转轴(A)］：**单击圆心** //选择图3-39(a)中圆的圆心

选择夹点以编辑阵列或［关联(AS)/基点(B)/项目(I)/项目间角度(A)/填充角度(F)/行
(ROW)/层(L)/旋转项目(ROT)/退出(X)］<退出>：I↙   //输入"I"确定阵列的数量

输入阵列中的项目数或［表达式(E)］<6>：**8**↙   //阵列数量为8

选择夹点以编辑阵列或［关联(AS)/基点(B)/项目(I)/项目间角度(A)/填充角度(F)/行
(ROW)/层(L)/旋转项目(ROT)/退出(X)］<退出>：↙   //回车完成图3-39(b)的绘制

2.绘制如图3-38所示的平面图形

将上面所绘制的基本图形进行矩形阵列,可得到所要求的图形,步骤如下：

调用"矩形阵列"命令：

```
功能区面板:<默认><修改><矩形阵列>
下拉菜单:[修改][阵列][矩形阵列]
命令行窗口:ARRAYRECT↙
```

AutoCAD 提示：

命令：_arrayrect

选择对象:指定对角点:找到 2 个   //选择图3-39(b)所示图形

选择对象:↙   //回车结束对象的选择

选择夹点以编辑阵列或［关联(AS)/基点(B)/计数(COU)/间距(S)/列数(COL)/行数(R)/
层数(L)/退出(X)］<退出>：**COL**↙   //选择列数

输入列数数或［表达式(E)］<4>：**3**↙   //列数为3列

指定列数之间的距离或［总计(T)/表达式(E)］<375>：**420**↙

                                //列之间距离为420

选择夹点以编辑阵列或［关联(AS)/基点(B)/计数(COU)/间距(S)/列数(COL)/行数(R)/
层数(L)/退出(X)］<退出>：**R**↙   //选择行数

输入行数数或［表达式(E)］<3>：**2**↙   //行数为2行

指定行数之间的距离或［总计(T)/表达式(E)］<375>：**400**↙

                                //行之间距离为400

选择夹点以编辑阵列或［关联(AS)/基点(B)/计数(COU)/间距(S)/列数(COL)/行数(R)/
层数(L)/退出(X)］<退出>：↙   //回车完成图3-38的绘制

提示、注意、技巧

1. 对于规则分布的图形,可以通过"矩形阵列"或"环形阵列"命令产生。

2. 对于环形阵列,对应圆心角可以不是360°,阵列的包含角度为正将按逆时针方向阵列,为负则按顺时针方向阵列。

3. 在环形阵列中,阵列项目数包括原有实体本身。

4. 在矩形阵列中,行距和列距有正、负之分,行距为正将向上阵列,为负则向下阵列;列距为正将向右阵列,为负则向左阵列。其正负方向符合坐标轴正负方向。

3.13 多段线

任务 绘制如图3-40所示图形。已知该图形是由线段和圆弧组成的,各部分尺寸和线宽如图3-40所示。

图3-40 平面图形(13)

目的 通过绘制此图形,学习多段线的绘制方法。

绘图步骤分解

调用"多段线"命令:

功能区面板:<默认><绘图><多段线>

下拉菜单:[绘图][多段线]

命令行窗口:PLINE(PL)↙

AutoCAD提示:

命令:_pline   //此图是由线段和圆弧组成的,并且线宽不同,比较适合用多段线绘制

指定起点:**单击绘图区内一点,作为多段线的起点A**

　　　　　　//A点作为多段线的起点,也可以由另一

	端 G 点开始绘制
当前线宽为 0.0000	//提示当前线的宽度为0
指定下一个点或[圆弧(A)/半宽(H)/长度(L)/放弃(U)/宽度(W)]:**W** ✓	
	//由于要改变线宽,故选择"宽度(W)"选项
指定起点宽度 <0.0000>:**4** ✓	//根据已知条件,设定起点线宽为4
指定端点宽度 <4.0000>:✓	//端点线宽为4,取默认值
指定下一个点或[圆弧(A)/半宽(H)/长度(L)/放弃(U)/宽度(W)]:**<正交 开>50** ✓	
	//打开正交模式,将光标移向 A 点的右方,输入50,绘出 AB 线段
指定下一点或[圆弧(A)/闭合(C)/半宽(H)/长度(L)/放弃(U)/宽度(W)]:**A** ✓	
	//下一步开始画圆弧,所以选择"圆弧(A)"选项
指定圆弧的端点或[角度(A)/圆心(CE)/闭合(CL)/方向(D)/半宽(H)/直线(L)/半径(R)/第二个点(S)/放弃(U)/宽度(W)]:**光标向上移动,输入距离值40**	
	//"正交"模式处于打开状态,输入端点 C 相对 B 点的距离,绘出 BC 弧
指定圆弧的端点或[角度(A)/圆心(CE)/闭合(CL)/方向(D)/半宽(H)/直线(L)/半径(R)/第二个点(S)/放弃(U)/宽度(W)]:**CE** ✓	//可以用绘 BC 弧的方法绘制,此处找 CD 弧的圆心
指定圆弧的圆心:**<打开对象捕捉> <对象捕捉追踪 开> 15** ✓	
	//捕捉追踪 C 点,光标在 C 点正上方,输入距离15
指定圆弧的端点或[角度(A)/长度(L)]:**A** ✓	
	//圆弧所包含的角度为已知,故选择"角度(A)"选项
指定包含角:**-180** ✓	//圆弧 CD 所包含的角度为-180°
指定圆弧的端点或[角度(A)/圆心(CE)/闭合(CL)/方向(D)/半宽(H)/直线(L)/半径(R)/第二个点(S)/放弃(U)/宽度(W)]:**L** ✓	//接下来绘制线段 DE
指定下一点或[圆弧(A)/闭合(C)/半宽(H)/长度(L)/放弃(U)/宽度(W)]:**<正交 开>30** ✓	
	//完成线段 DE 的绘制
指定下一点或[圆弧(A)/闭合(C)/半宽(H)/长度(L)/放弃(U)/宽度(W)]:**W** ✓	
	// EF 线段线宽有变化,所以选择"宽度(W)"选项
指定起点宽度 <4.0000>:**1** ✓	//根据已知条件,设定起点线宽为1
指定端点宽度 <1.0000>:✓	//端点线宽为1,取默认值
指定下一点或[圆弧(A)/闭合(C)/半宽(H)/长度(L)/放弃(U)/宽度(W)]:**35** ✓	
	//绘出 EF 线段
指定下一点或[圆弧(A)/闭合(C)/半宽(H)/长度(L)/放弃(U)/宽度(W)]:**W** ✓	

//FG段线宽有变化,所以选择宽度(W)

指定起点宽度 <1.0000>:**6**✓　　　　//根据已知条件,设定起点线宽为6

指定端点宽度 <6.0000>:**0**✓　　　　//端点线宽为0

指定下一点或 [圆弧(A)/闭合(C)/半宽(H)/长度(L)/放弃(U)/宽度(W)]:**15**✓

　　　　　　　　　　　　　　　　　//绘出FG线

指定下一点或 [圆弧(A)/闭合(C)/半宽(H)/长度(L)/放弃(U)/宽度(W)]:✓

　　　　　　　　　　　　　　　　　//回车结束多段线绘制

图形绘制完成。

提示、注意、技巧

　　1.多段线是由几段直线或圆弧构成的连续线条,它们是一个整体,不能对其中的某一段进行单独编辑。

　　2.在绘制多段线的过程中如果选择"放弃(U)"选项,则取消刚刚绘制的那一段多段线,当确定刚画的多段线有错误时,选择此选项。

　　3.多段线的起点宽度值以前一次输入值为默认值,而终点宽度值是以起点宽度值为默认值。

　　4.当使用"分解"命令对多段线进行分解时,多段线的线宽信息将会丢失。

　　5.当多段线的线宽大于0时,如果绘制闭合的多段线,一定要用"闭合(C)"选项才能使其完全封闭。否则起点与终点会出现一段缺口,图3-41(a)所示为使用"闭合(C)"选项的情况,图3-41(b)所示为没有使用"闭合(C)"选项的情况。

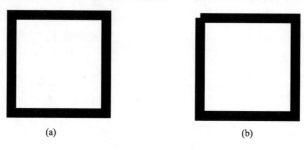

(a)　　　　　　　　　　　　　　　　(b)

图3-41　封口的区别

3.14　构造线

任务　绘制平面图形,如图3-42所示。

图3-42　平面图形(14)

目的　通过绘制此图形,学习如何利用构造线进行辅助绘图(此图可以用以前讲的内容进行绘制,在本节中为了更好地掌握构造线,主要采用构造线进行辅助绘图)。

绘图步骤分解

1.绘制如图3-43所示图形。

(1)绘制构造线 a、c、d

调用"构造线"命令:

```
功能区面板:<默认><绘图><构造线>
下拉菜单:[绘图][构造线]
命令行窗口:XLINE(XL)✓
```

AutoCAD 提示:

命令: _xline

指定点或［水平(H)/垂直(V)/角度(A)/二等分(B)/偏移(O)］:**H**✓

　　　　　　　　　　　　　　　　　//要画一条水平的构造线,因此选择此选项

指定通过点:**单击绘图区内一点**　　//得到构造线 a

指定通过点:✓　　　　　　　　　　//回车结束构造线的绘制

命令:✓　　　　　　　　　　　　　//再次回车重复执行"构造线"命令

指定点或［水平(H)/垂直(V)/角度(A)/二等分(B)/偏移(O)］:**O**✓

　　　　　　　　　　　　　　　　　//作与构造线 a 等距的构造线,选择此选项

指定偏移距离或［通过(T)］<通过>: **10**✓

　　　　　　　　　　　　　　　　　//作与构造线 a 相距10的另一条构造线

选择直线对象:**选择构造线 a**

指定向哪侧偏移:**单击构造线 a 上方一点**　　//得到构造线 c

选择直线对象:✓　　　　　　　　　//回车结束对象选择

同理可得到与构造线 a 平行的相距30的构造线 d(步骤略)。

(2)绘制构造线 b、e、f

输入"构造线"命令,AutoCAD 提示:

命令: _xline

指定点或［水平(H)/垂直(V)/角度(A)/二等分(B)/偏移(O)］:**V**✓

　　　　　　　　　　　　　　　　　//绘制竖直的构造线 b,因此选择此选项

指定通过点:**单击绘图区内一点**   //得到构造线b

指定通过点:✓   //回车结束命令

同理利用"构造线"命令的"偏移(O)"选项,可得到构造线e和f。

2.完成图3-44的绘制

利用"修剪"命令,完成由图3-43到图3-44的绘制。

图3-43　布置构造线

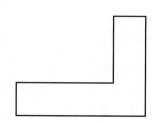

图3-44　修剪后的图形

3.绘制直线AB

利用"构造线"命令的"角度(A)"选项绘制图3-45中的线段AB。

输入"构造线"命令,AutoCAD提示:

命令:_xline

指定点或[水平(H)/垂直(V)/角度(A)/二等分(B)/偏移(O)]:**A**✓

　　　　　　　　　　//构造线的角度已知,因此选择此选项

输入构造线的角度(0)或[参照(R)]:**30**✓

　　　　　　　　　　//输入构造线与X轴正向的夹角

指定通过点:**<对象捕捉 开>捕捉A点**

指定通过点:✓   //回车结束构造线的绘制

对此构造线进行修剪,得到线段AB。

图3-45　"角度(A)""二等分(B)""偏移(O)"选项的应用

4.绘制线段m

利用"构造线"命令的"二等分(B)"选项绘制图3-45中的线段m。

输入"构造线"命令,AutoCAD提示:

命令:_xline

指定点或[水平(H)/垂直(V)/角度(A)/二等分(B)/偏移(O)]:**B**✓

　　　　　　　　　　//线段m是∠C的平分线,因此选择此选项

指定角的顶点：**捕捉 _C_ 点**

指定角的起点：**捕捉 _D_ 点**

指定角的端点：**捕捉 _E_ 点**

指定角的端点：↙   //回车结束构造线的绘制

经过修剪得到线段 _m_。

5.绘制线段 _n_

利用"构造线"命令的"偏移（O）"选项绘制图3-45中的线段 _n_。

输入"构造线"命令，AutoCAD提示：

命令：_xline

指定点或［水平（H）/垂直（V）/角度（A）/二等分（B）/偏移（O）］：**O**↙

指定偏移距离或［通过（T）］＜通过＞：**T**↙

　　　　　　　　　　　　　　　//线段 _n_ 与线段 _m_ 平行，且过点 _B_，因此选择
　　　　　　　　　　　　　　　　此选项

选择直线对象：**单击线段 _m_**

指定通过点：**捕捉点 _B_**

选择直线对象：↙   //回车结束构造线的绘制

经过修剪得到线段 _n_。

至此，图形绘制完成。

提示、注意、技巧

　　构造线是通过某两点或通过一点并确定了方向的向两个方向无限延长的直线，一般用于绘制辅助线，常用于绘制三视图。

3.15　图层的设置与应用

任务　绘制如图3-46所示的平面图形。

目的　通过绘制此图形，掌握图层、线型、线宽、颜色的设置方法。

绘制平面图形(15)

图3-46　平面图形(15)

绘图步骤分解

1.建立图层

工程图中包括不同的线型,可利用图层来进行设置,将不同的线型设置在不同的图层上。

(1)创建新图层

选择下述方法中的一种创建新图层:

功能区面板:<默认><图层><图层特性>

下拉菜单:[格式][图层]

命令行窗口:LAYER(LA)↙

执行上述操作后,系统打开"图层特性管理器"选项板,如图3-47所示。默认情况下,Au-toCAD 自动创建一个名称为"0"的图层,颜色为"白"色,线型为"Continuous(连续线型)",线宽为默认值0.25 mm。

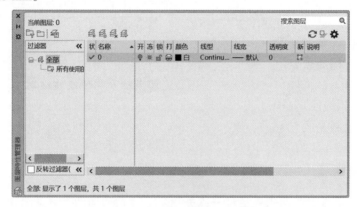

图3-47 "图层特性管理器"选项板

单击"新建图层"按钮 ,这时在图层列表中将出现一个名称为"图层1"的新图层。用户可以为其输入新的图层名,如"点画线",以表示建立一个名称为"点画线"的新图层。

(2)图层设置

①颜色设置。为便于区分图形中的元素,可以为新建图层设置不同的颜色。可直接在"图层特性管理器"选项板中单击图层所在行的颜色块,系统打开"选择颜色"对话框,如图3-48(a)所示,在该对话框中单击所要选择的颜色如红色,再单击"确定"按钮即可。

②线型设置。默认情况下,图层的线型为Continuous(连续线型),改变线型的方法:在图层列表中单击该图层相应的线型名如"Continuous",系统弹出"选择线型"对话框,如图3-48(b)所示,在该对话框中单击"加载"按钮,打开"加载或重载线型"对话框,从当前线型库中选择需要加载的线型、如CENTER,如图3-48(c)所示,之后单击"确定"按钮,则该线型即被加载到"选择线型"对话框中,选择所需线型,之后单击"确定"按钮,回到"图层特性管理器"选项板。如果要一次加载多种线型,在选择线型时可按下 Shift 键或 Ctrl 键进行连续选择或多项选择。当线型改变后,新建立的线型将继承前一线型的特性。

③线宽设置。默认情况下,图层中线的宽度为"默认"值(0.25 mm),改变线宽的方法:在图层列表中单击该图层相应的线宽值,系统弹出"线宽"对话框,从当前线宽库中选择需要的线宽值即可,如图3-48(d)所示。

（a）选择颜色

（b）选择线型

（c）加载或重载线型

（d）选择线宽

图3-48　颜色、线型、线宽设置

（3）建立本任务所需的图层

按上述步骤分别创建"点画线""粗实线""虚线"图层，其属性如图3-49所示，"粗实线"层的线宽设置为0.50 mm，其他为默认值（0.25 mm）。

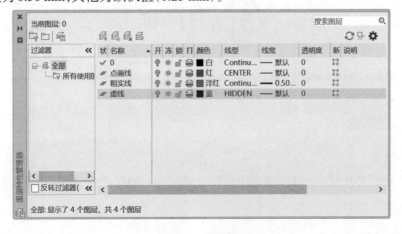

图3-49　创建图层

(4)关闭"图层特性管理器"选项板。

2.绘制中心定位线及各圆

(1)选择"点画线"层作为当前层,绘制中心线,如图3-50(a)所示。

(2)打开"对象捕捉"功能,选择"粗实线"层为当前层,以给定的直径或半径绘制各粗实线圆,如图3-50(b)所示。

(3)利用"对象捕捉"功能,捕捉切点绘制各段切线(直线),再利用"镜像"命令绘制其他段切线,之后利用"修剪"命令进行修剪,如图3-50(c)所示。

(4)将"虚线"层设置为当前层,绘制虚线圆,如图3-50(d)所示。

修整图形,完成全部作图。

(a)绘制中心线　　　　　　　　　　　　(b)绘制粗实线圆

(c)绘制切线并修剪　　　　　　　　　　(d)绘制虚线圆

图3-50　平面图形(15)绘制过程

3.16 打 断

任务　绘制如图3-51(a)所示的平面图形。

目的　通过绘制此图形,学习"打断"命令及其应用。

绘图步骤分解

1.绘制基本平面图形

根据已知图形尺寸,利用"矩形"、"圆"、"直线"和"偏移"命令,绘制如图3-51(b)所示的图形。

(a)要求绘制的图形   (b)基本平面图形

(c)断开两个圆   (d)线型的改变

图3-51 平面图形(16)

2.将图3-51(b)经过编辑变为图3-51(c)所示图形

(1)将大圆在AB处断开

此过程用"打断"命令来完成,调用"打断"命令:

> 功能区面板:<默认> <修改> <打断>
>
> 下拉菜单:[修改][打断]
>
> 命令行窗口:BREAK(BR)↙

AutoCAD提示:

命令:_break

选择对象:<对象捕捉 开> 捕捉大圆上的象限点A

                  //选择大圆并将"对象捕捉"功能打
                     开,直接选择大圆上的象限点作
                     为第一个打断点

指定第二个打断点或[第一点(F)]:捕捉大圆上的象限点B

                  //B点作为第二个打断点。大圆在
                    AB处断开

(2)将小圆在CD处断开

输入"打断"命令，AutoCAD提示：

命令：_break

选择对象：**在小圆上任意一点处单击**　　　　//选择小圆

指定第二个打断点或[第一点(F)]：**F**✓　　　//选择对象时所单击的点不作为第
　　　　　　　　　　　　　　　　　　　　　　一个打断点时，选择此选项

指定第一个打断点：**捕捉小圆上的象限点 D**　//D点作为第一个打断点。

指定第二个打断点：**捕捉小圆上的象限点 C**　//C点作为第二个打断点。小圆在CD的
　　　　　　　　　　　　　　　　　　　　　　上部分断开

3.将线段MN的一部分EF变为虚线[图3-51(d)]

(1)将线段MN分别在E点、F点处断开

输入"打断于点"命令：

┌───┐
│ 功能区面板：<默认> <修改> <打断于点> │
└───┘

AutoCAD提示：

命令：_breakatpoin

选择对象：**选择线段 MN**　　　　　　　//选择要打断的对象

指定打断点：**捕捉 E 点**　　　　　　　//捕捉打断点的位置。线段在点E处断开

同理将线段在点F处断开。

(2)将线段EF变为虚线

设置虚线层，并将EF线变到虚线层上，使之变为虚线。方法为选择线段EF，之后单击功能区"默认"选项卡下"图层"面板上的"图层"按钮　　　　　　　　　右侧的下拉按钮，展开其下拉列表，选择之前设置好的"虚线"层，将其置为当前，则线段EF由实线变为虚线。

4.将线段PN在QS处断开，尺寸由已知条件确定[图3-52(a)]

作图步骤如下：

输入"打断"命令，AutoCAD提示：

命令：_break

选择对象：**单击线段 PN**　　　　　　　//选择要打断的对象

指定第二个打断点或[第一点(F)]：**F**✓　//选择对象时所单击的点不作为第一个
　　　　　　　　　　　　　　　　　　　　　打断点时，选择此选项

指定第一个打断点：<对象捕捉 开> <对象捕捉追踪 开>**10**✓
　　　　//利用"对象捕捉追踪"功能捕捉Q点。方法为首先将状态栏中的对象捕捉模
　　　　　式设置为中点捕捉，选中状态栏中的"对象捕捉"和"对象捕捉追踪"按钮，将
　　　　　光标移到线段PN的中点，当出现中点标记时将光标移到中点的左方，如图
　　　　　3-52(b)所示，此时根据已知条件输入数值10，找到第一个打断点Q

指定第二个打断点：**10**✓　　　　　　　//同理利用"对象捕捉追踪"功能捕捉S
　　　　　　　　　　　　　　　　　　　　　点，线段PN在QS处断开。

图形绘制完成。

(a)断开直线 (b)"对象捕捉追踪"功能应用

图3-52 断开直线及"对象捕捉追踪"功能应用

提示、注意、技巧

1.对圆和椭圆执行"打断"命令时,拾取点的顺序很重要,因为打断总是沿逆时针方向,是从选择的第一点沿逆时针方向到第二点所对应的部分消失。

2.一个完整的圆或椭圆不能在同一点被打断。

3.17 夹点编辑

任务 图3-53与前面图3-36类似,本例中用夹点编辑方法,完成由图3-53(a)分别到图3-53(d)及图3-53(e)的绘制过程。

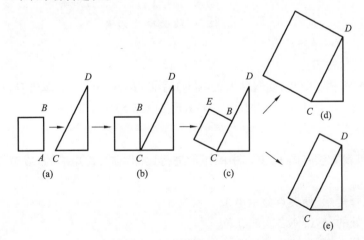

图3-53 平面图形(17)

目的 通过绘制此图形,学会使用夹点编辑图形。

绘图步骤分解

1.绘制图3-53(a)

2.移动矩形

利用夹点编辑方法将矩形移向三角形,使图中*A*点移到*C*点。绘图步骤如下:

(1)单击选择矩形,使夹点显示出来。(夹点:单击实体,会看到实体上出现一些蓝色小方框,标识出实体的特征点,这些小方框即夹点。)

(2)单击*A*处的夹点,使之变成红色(这个被选定的夹点称为基夹点)。

(3)单击鼠标右键,弹出快捷菜单,如图3-54所示,从此快捷菜单中选择"移动"选项。

(4)拖动基夹点,在*C*点处单击。

(5)按 Esc 键,取消夹点。完成由图3-53(a)到图3-53(b)的绘制。

3.旋转矩形

利用夹点编辑方法将图3-53(b)中的矩形绕*C*点旋转,使矩形的*CB*边与三角形的*CD*边重合。绘图步骤如下:

(1)单击选择矩形,使夹点显示出来。

(2)单击*C*处的夹点,使之变成红色。

(3)单击鼠标右键,弹出快捷菜单,如图3-54所示,从此快捷菜单中选择"旋转"选项。

(4)命令行窗口提示如下信息:

命令:_rotate

指定旋转角度或［基点(B)/复制(C)/放弃(U)/参照(R)/退出(X)］:**R**↙

图3-54　快捷菜单

//如果已知旋转角度,可直接
输入角度值,此例中已知实体上某线的旋转前后的
位置,故选择此选项

指定参照角 <0>:**单击*C*点**
指定第二点 **单击*B*点**
指定新角度或［基点(B)/复制(C)/放弃(U)/参照(R)/退出(X)］:**单击*D*点**

(5)按 Esc 键,取消夹点。完成由图3-53(b)到图3-53(c)的绘制。

4.缩放矩形

利用夹点编辑方法将图3-53(c)中的矩形进行比例缩放,使矩形的*CB*边与三角形*CD*边重合。

(1)单击选择矩形,使夹点显示出来。

(2)单击*C*处的夹点,使之变成红色。

(3)单击鼠标右键,在弹出快捷菜单中选择"缩放"选项。

(4)命令行窗口提示如下信息:

命令：_scale

比例缩放

指定比例因子或 [基点(B)/复制(C)/放弃(U)/参照(R)/退出(X)]:**R**↙

         //如果已知缩放的比例因子，可直接输入其值

指定参照长度 <1.0000>:**单击 C 点**

指定第二点：**单击 B 点**

指定新长度或 [基点(B)/复制(C)/放弃(U)/参照(R)/退出(X)]:

单击 D 点

(5)按 Esc 键，取消夹点。完成由图 3-53(c)到图 3-53(d)的绘制。

5.拉伸矩形

利用夹点编辑方法将图 3-53(c)中的矩形进行拉伸，矩形的宽度不发生变化，并使矩形的 CB 边与三角形的 CD 边重合。

(1)单击选择矩形，使夹点显示出来。

(2)按住 Shift 键，单击 B 和 E 处的夹点，使之变成红色。

(3)释放 Shift 键，再单击 B 点。

(4)拖动基夹点，在 D 点处单击。

(5)按 Esc 键，取消夹点。完成由图 3-53(c)到图 3-53(e)的绘制。

补充知识

1.由上图的绘制可知利用夹点编辑，可以对图形进行拉伸、移动、旋转、缩放等操作，此外还可以对图形进行镜像和复制等编辑。

2.在绘制工程图中，经常用到夹点编辑的情况是将图形中的点画线进行拉伸或缩短。如图 3-55 所示，图 3-55(a)中的点画线不满足制图标准，可用夹点编辑将其两端进行拉长。

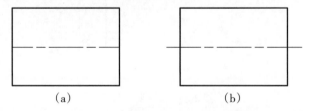

   (a)   (b)

图3-55 利用夹点编辑拉伸点画线

方法为：单击点画线，使其显示夹点，再分别单击点画线两端的夹点，将其移动到新的位置，如图 3-55(b)所示。

提示、注意、技巧

　　1.选取的夹点不同,执行的操作结果也不同。比如对于直线,选择端点可以拉伸,选择中点将会移动;对于圆,选择圆心将会移动,选择圆周夹点将会缩放。
　　2.取消实体的夹点状态,可以连续按下 Esc 键,直到夹点消失。
　　3.直线沿水平或竖直方向拉伸时,应打开"正交"模式。
　　4.为了防止捕捉的影响,拉伸时应将"对象捕捉"功能关闭。

3.18 样条曲线及图案填充

任务 绘制平面图形,如图3-56所示。

图3-56 平面图形(18)

目的 通过绘制此图形,学习样条曲线绘制及图案填充的方法。

绘图步骤分解

1.绘制如图3-57所示图形

利用"直线"命令绘制直线 AM、MN 及 CN,并绘制点画线。下面主要讲解图3-57中左侧曲线的绘制方法。

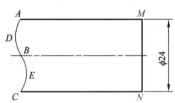

图3-57 曲线平面图形

调用"样条曲线"命令:

功能区面板:<默认><绘图><样条曲线拟合>
下拉菜单:[绘图][样条曲线][拟合点]
命令行窗口:SPLINE(SPL) ✓

AutoCAD 提示:

命令：_spline

当前设置：方式=拟合　节点=弦

指定第一个点或［方式(M)/节点(K)/对象(O)］:**<对象捕捉 开>单击*A*点**

//*A*点作为样条曲线的第一点

输入下一个点或［起点切向(T)/公差(L)］:**单击*D*附近的点**

输入下一个点或［端点相切(T)/公差(L)/放弃(U)］:**单击*E*附近的点**

输入下一个点或［端点相切(T)/公差(L)/放弃(U)/闭合(C)］:**单击*C*点**

输入下一个点或［端点相切(T)/公差(L)/放弃(U)/闭合(C)］:↙

//回车结束曲线绘制

2.完成图3-56的绘制

先在图3-57的基础上,利用"偏移"、"修剪"和"延伸"等命令绘制ϕ14的两条直线,然后绘制剖面线。剖面线绘制方法如下：

(1)调用"图案填充"命令：

功能区面板:<默认><绘图><图案填充>

下拉菜单:［绘图］［图案填充］

命令行窗口:BHATCH(BH/H)↙

进行上述操作后功能区显示"图案填充创建"选项卡,如图3-58所示。

图3-58　"图案填充创建"选项卡

(2)选择填充的区域:单击"边界"面板上的"拾取点"按钮,命令行窗口提示"拾取内部点或［选择对象(S)/放弃(U)/设置(T)］:",此时单击要填充图案的封闭区域,即图形的上部分和下部分。

(3)选择填充的图案:在"图案"面板上选择"ANSI31"图案。在"特性"面板上可对"图案填充角度"和"图案填充比例"进行修改,使图案满足图形要求。

(4)在"关闭"面板上单击"关闭图案填充创建"按钮,完成图案填充。

💡 补充知识

1.设置填充图案特性

填充图案和绘制其他对象一样,图案所使用的颜色和线型将使用当前图层的颜色和线型。

2.定义要填充图案的区域

定义要填充图案区域的方法有两种：

(1)利用"边界"面板的"拾取点"按钮。在要填充图案的封闭区域内拾取一个点,系统自动产生一个围绕该拾取点的边界。

（2）利用"边界"面板的"选择"按钮。通过选择对象的方式来产生一个封闭的填充边界。

3."选项"面板"特性匹配"按钮

单击该按钮，系统要求用户在图中选择一个已有的填充图案，然后将其图案的类型和属性设置作为当前的填充设置。此功能对于在不同阶段绘制多个同样的图案填充非常有用。

提示、注意、技巧

1.填充边界可以是圆、椭圆、多边形等封闭的图形，也可以是由直线、曲线、多段线等围成的封闭区域。

2.在选择对象时，一般应用"拾取点"来选择边界。这种方法既快又准确，"选择对象"只是作为补充手段。

3.边界图形必须封闭。

4.边界不能重复选择。

5.样条曲线主要用于绘制机械制图中的波浪线、截交线及相贯线等。

3.19 面域与查询

任务 利用面域和布尔运算，将图3-59（a）变为图3-59（b）所示形式，并求出图3-59（b）的面积（不计内部四个圆）。

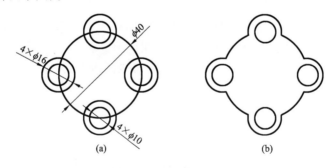

(a)   (b)

图3-59 利用面域绘制图形

目的 通过绘制此图形，学习面域的创建方法、布尔运算、面域数据的提取方法及有关查询的其他知识。

绘图步骤分解

1.绘制图3-59（a）

2.将图3-59(a)定义成面域

调用"面域"命令:

功能区面板:<默认><绘图><面域>
下拉菜单:[绘图][面域]
命令行窗口:REGION(REG)↙

AutoCAD提示:

命令:_region
选择对象:指定对角点:**选中图3-59(a)中所有图形** 找到 9 个
                                       //选择将要定义成面域的图形
选择对象:↙   //回车结束对象的选择
已提取 9 个环。
已创建9个面域   //9个面域被创建

目前图形没有明显变化,但对其进行着色时,可以看到面域的图形将被填充上灰色,如图3-60所示。对图形着色的方法为:

下拉菜单:[视图][视觉样式][着色]

也可将着色的图形转回到二维线框的状态,方法为:

下拉菜单:[视图][视觉样式][二维线框]

图3-60 面域后着色后的图形

3.对创建面域的图形进行布尔运算

(1)将四个直径为16的圆和图中最大的圆做并集运算。
调用"并集"命令::

下拉菜单:[修改][实体编辑][并集]
命令行窗口:UNION(UNI)↙

AutoCAD提示:

命令:_union
选择对象:找到 1 个
选择对象:找到 1 个,总计 2 个

选择对象:找到 1 个,总计 3 个

选择对象:找到 1 个,总计 4 个

选择对象:找到 1 个,总计 5 个　　　　//分别选择四个直径为16的圆和图中最大的圆

选择对象:↙　　　　　　　　　　　　//回车结束对实体的选择

执行并集后的图形线框图与图 3-59(b)相同,着色后的图形与图 3-60 相同。

(2)将刚做并集的图形与四个直径为 10 的圆做差集运算,可将四个小圆从图中减去。

调用"差集"命令:

> 下拉菜单:[修改][实体编辑][差集]
>
> 命令行窗口:SUBTRACT(SU)↙

AutoCAD 提示:

命令:_subtract

选择要从中减去的实体曲线和面域…

选择对象:**选择最大的圆** 找到 1 个　　　　//选择被减对象

选择对象:↙　　　　　　　　　　　　　　//回车结束对象的选择

选择要减去的实体曲线和面域 ..

选择对象:找到 1 个

选择对象:找到 1 个,总计 2 个

选择对象:找到 1 个,总计 3 个

选择对象:找到 1 个,总计 4 个　　　　//选择4个直径为10的圆

选择对象:↙　　　　　　　　　　　　　//回车结束对象的选择

执行上述差集运算后,线框图没有变化,与图 3-59(b)相同,但着色图变为如图 3-61 所示。

图 3-61　执行差集后着色的图形

4.求图 3-61 所示图形面积

调用"面积"命令:

> 功能区面板:<默认><实用工具><面积>
>
> 下拉菜单:[工具][查询][面积]
>
> 命令行窗口:MEASUREGEOM ↙

AutoCAD 提示：

命令：_MEASUREGEOM

输入一个选项[距离(D)/半径(R)/角度(A)/面积(AR)/体积(V)/快速(Q)/模式(M)/退出(X)] <距离>：_area

指定第一个角点或[对象(O)/增加面积(A)/减少面积(S)/退出(X)] <对象(O)>：↙

//回车取系统默认选项"对象(O)"

选择对象：**单击图3-61所示图形**

区域 = 1 378.873 3，修剪的区域 = 0.000 0，周长 = 300.310 7

//得到所求图形的面积与周长

输入一个选项[距离(D)/半径(R)/角度(A)/面积(AR)/体积(V)/快速(Q)/模式(M)/退出(X)] <面积>：**按** Esc **键**　　　　　　//结束命令

习题

一、基础题

1.绘制下列图形(图3-62~图3-75)，不标注尺寸。

图3-62　基础题1(1)

图3-63　基础题1(2)

图3-64　基础题1(3)

图3-65　基础题1(4)

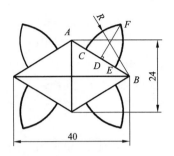

(已知 C、D、E是直线 AB的
等分点,且DF与AB垂直。)

图 3-66　基础题1(5)　　　　图 3-67　基础题1(6)　　　　图 3-68　基础题1(7)

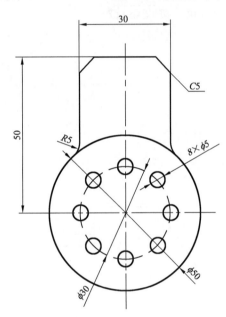

图 3-69　基础题1(8)　　　　　　　　　图 3-70　基础题1(9)

图 3-71　基础题1(10)　　　　　　　图 3-72　基础题1(11)

图 3-73　基础题 1(12)

图 3-74　基础题 1(13)

图 3-75　基础题 1(14)

2.绘制图 3-76 所示图形,并查询图形的有效面积。

图 3-76　基础题 2

二、拓展题

绘制下列图形(图3-77~图3-81),不标注尺寸。

图3-77　拓展题(1)

图3-78　拓展题(2)

图3-79　拓展题(3)

图3-80 拓展题(4)

图3-81 拓展题(5)

第4章

绘制视图与尺寸标注

绘制平面图形及尺寸标注

绘制平面图形时,首先应该对图形进行线段分析和尺寸分析,根据定形尺寸和定位尺寸,判断出已知线段、中间线段和连接线段,按照先绘制已知线段,再中间线段、后连接线段的绘图顺序完成图形。

任务　绘制如图 4-1 所示的吊钩平面图形并标注尺寸。

目的　通过绘制此图形,训练常用的绘图与编辑命令的使用方法以及含有连接圆弧的平面图形的绘制方法,熟悉尺寸标注的设置与标注方法。

绘制吊钩

图 4-1　吊钩

图形分析

要绘制该图形,应首先分析线段类型。

(1)已知线段:钩柄部分的直线和钩子弯曲中心部分的 $\phi24$、$R29$ 圆弧。

(2)中间线段:钩尖部分的 $R24$、$R14$ 圆弧。

(3)连接线段:钩尖部分圆弧 $R2$、钩柄部分过渡圆弧 $R24$、$R36$。

绘图步骤分解

1.新建图纸

新建一张图纸,绘图单位选择"公制",根据该图形的尺寸,图纸区域取系统的默认值 A3(420×297)。

2.设置对象捕捉

设置"交点""切点""圆心""端点"等对象捕捉点,并启用"对象捕捉"功能。

3.设置图层

按图形要求,打开"图层特性管理器"选项板,设置以下图层:

图层名	颜色	线型	线宽
粗实线	白色	Continuous	0.50 mm
点画线	白色	CENTER	默认(0.25 mm)
标注	蓝色	Continuous	默认(0.25 mm)

4.绘制图形

(1)绘制竖直中心线 *AB* 和水平中心线 *CD*

将"点画线"层设置为当前层。打开"正交"功能,调用"直线"命令,在屏幕中上部单击,确定 *A* 点,绘制出竖直中心线 *AB*。在合适的位置绘制出水平中心线 *CD*,如图4-2所示。

(2)绘制吊钩柄部直线

钩柄的上部直径为14,下部直径为18,可以用中心线向左右偏移的方法获得轮廓线,两条钩柄的水平端面线也可用偏移水平中心线的方法获得。

①利用"偏移"命令,将直线 *AB* 分别向左、右各偏移7和9个单位,获得直线 *JK*、*MN* 及 *QR*、*OP*;将 *CD* 向上偏移54个单位获得直线 *EF*,再将刚偏移所得直线 *EF* 向上偏移23个单位,获得直线 *GH*。

②在偏移的过程中,读者会注意到,偏移所得到的直线均为点画线,因为偏移实质是一种特殊的复制,不但复制出元素的几何特征,同时也会复制出元素的特性。因此要将复制出的图线改变到"粗实线"层上。

选择刚刚偏移所得到的直线 *JK*、*MN*、*QR*、*OP*、*EF*、*GH*,然后单击功能区"默认"选项卡下"图层"面板上"图层"按钮右侧的下拉按钮,展开其下拉列表,选择之前设置好的"粗实线"层,将其置为当前,则点画线变为粗实线。再按 Esc 键,完成图层的转换(图4-3)。

图4-2　绘制中心线

图4-3　绘制吊钩钩柄

③修剪图线至正确长短

调用"倒角"命令,设置当前倒角距离1和2的值均为2个单位,将直线GH与JK、MN倒45°角。再设置当前倒角距离1和2的值均为0,将直线EF与QR、OP倒直角。完成的图形如图4-4所示。调用"修剪"命令,以EF为剪切边界,修剪掉JK和MN直线的下部。利用夹点编辑方法调整线段的长短。完成图形如图4-5所示。

图4-4 倒角修剪　　　　　　　　图4-5 修剪、调整线段的长短

(3)绘制已知线段和圆

将"粗实线"层作为当前层,调用"直线"命令,绘制线段ST。调用"圆"命令,以直线AB、CD的交点O_1为圆心,绘制直径为24的已知圆。确定半径为29的圆的圆心O_2,绘制半径为29的圆。完成的图形如图4-6所示。

(4)绘制连接圆弧R24和R36

调用"圆角"命令,给定圆角半径为24,在直线OP上单击作为第一个对象,在半径为29圆的右上部单击,作为第二个对象,完成R24圆弧连接。

同理以36为半径,完成直线QR和直径为24的圆的圆弧连接。结果如图4-7所示。

(5)绘制钩尖处R24的圆弧

因为R24圆弧的圆心纵坐标轨迹已知(距CD直线向下为9个单位的直线上),另一坐标未知,所以属于中间圆弧。又因该圆弧与ϕ24的圆相外切,可以用外切原理求出圆心坐标轨迹。

①确定圆心。调用"偏移"命令,将CD直线向下偏移9个单位,得到直线XY。再调用"偏移"命令,将直径为24的圆向外偏移24个单位,得到与ϕ24圆弧相外切的圆的圆心轨迹。圆与直线XY的交点为连接圆弧圆心,即O_3。

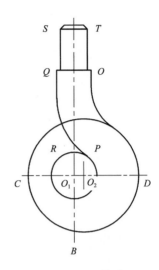

图 4-6　绘制已知线段和圆　　　　　　　　　图 4-7　绘制连接圆弧

②绘制连接圆弧。调用"圆"命令，以 O_3 为圆心，绘制半径为 24 的圆，结果如图 4-8 所示。

（6）绘制钩尖处 $R14$ 的圆弧

因为 $R14$ 圆弧的圆心在直线 CD 上，另一坐标未知，所以该圆弧属于中间圆弧。又因该圆弧与 $R29$ 圆弧相外切，可以用外切原理求出圆心坐标轨迹。

①调用"偏移"命令，将 $R29$ 的圆向外偏移 14 个单位，得到与 $R29$ 圆弧相外切的圆的圆心轨迹。该圆与直线 CD 的交点为连接圆弧圆心，即 O_4。

②调用"圆"命令，以 O_4 为圆心，绘制 $R14$ 的圆，结果如图 4-9 所示。

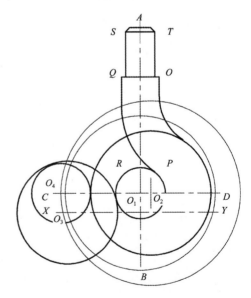

图 4-8　绘制 $R24$ 连接圆弧　　　　　　　　图 4-9　绘制 $R14$ 连接圆弧

（7）绘制钩尖处 $R2$ 的圆弧

$R2$ 圆弧与 $R14$ 圆弧相外切，同时又与 $R24$ 圆弧相内切，因此可以用"圆角"命令绘制。

调用"圆角"命令，给出圆角半径为2，在 $R14$ 的圆上右偏上的位置单击，作为第一个圆角对象，在 $R24$ 的圆上右偏上的位置单击，作为第二个圆角对象，结果如图4-10中修订云线区域所示。

（8）编辑修剪图形

①删除两个辅助圆。

②修剪各圆和圆弧至合适的长短。

③用夹点编辑或打断的方法调整中心线的长度，完成的图形如图4-11所示。

图4-10　绘制 $R2$ 连接圆弧

图4-11　完成图形

5.尺寸标注

（1）将"标注"层置为当前层

在AutoCAD中编辑、修改工程图样时，由于各种图线与尺寸混杂在一起，故其操作非常不方便。为了便于控制尺寸标注对象的显示与隐藏，在AutoCAD中要为尺寸标注创建独立的图层，并运用图层技术使其与图形的其他信息分开，以便于操作。"标注"层的线型为细实线，本任务前面已经创建了"标注"层，将"标注"层置为当前层，标注尺寸时应在该层上进行。

（2）创建文字样式

设置文字样式是进行文字和尺寸标注的首要任务。在AutoCAD中，文字样式用于控制图形中所使用文字的字体、高度和宽度系数等。在一幅图形中可定义多种文字样式，以适合不同对象的需要。一般情况下需创建"汉字"和"符号"两种文字样式。"汉字"文字样式用于输入汉字；"符号"文字样式用于输入非汉字符号。本节所绘图形主要用到"符号"文字样式，因此下面主要介绍"符号"文字样式的设置与标注，有关"汉字"文字样式的内容将在第5章中介绍。

创建"符号"文字样式，可按如下步骤进行操作：

①可用以下方法当中的任意一种方法,打开"文字样式"对话框,如图4-12所示。

功能区面板:<默认><注释><文字样式>

下拉菜单:[格式][文字样式]

命令行窗口:STYLE↙

图4-12 "文字样式"对话框

默认情况下,文字样式名为Standard,字体为txt.shx,高度为0.0000,宽度因子为1.0000。

②若要生成新的文字样式"符号",则可在该对话框中单击"新建"按钮,打开"新建文字样式"对话框,在"样式名"文本框中输入文字样式名称"符号",单击"确定"按钮,返回"文字样式"对话框。在"字体"选项组中,字体选择"gbenor.shx",高度为"0.0000",宽度因子为"1.0000",如图4-13所示。

图4-13 设置字体

(3)设置尺寸标注样式

标注样式是尺寸标注对象的组成方式。诸如标注文字的位置和大小、箭头的形状等。设置尺寸标注样式可以控制尺寸标注的格式和外观,有利于执行相关的绘图标准。

通常先设置一个"基本样式",按照机械制图的绘图标准设置必要的参数,以确保能用于常用标注类型的尺寸标注,而其他如带有前后缀、水平放置等特殊要求的标注,可单独设置样式或在"基本样式"的基础上使用"样式替代"稍加修改即可。

①新建标注样式

可用以下方法当中的任意一种方法,打开"标注样式管理器"对话框,如图4-14所示。

```
功能区面板:<默认><注释><标注样式>
下拉菜单:[格式][标注样式]
命令行窗口:DIMSTYLE↙
```

图4-14 "标注样式管理器"对话框

单击"新建"按钮,打开"创建新标注样式"对话框。在"新样式名"文本框中输入新的样式名称如"基本样式";在"基础样式"下拉列表中选择默认基础样式为"ISO-25";在"用于"下拉列表中选择"所有标注",以应用于各种尺寸类型的标注,如图4-15所示。

图4-15 "创建新标注样式"对话框

单击"继续"按钮,打开"新建标注样式"对话框,如图4-16所示。利用"线"、"符号和箭头"、"文字"和"主单位"等七个选项卡可以设置标注样式的所有内容。

图4-16 "新建标注样式"对话框

②设置"线"选项卡

"线"选项卡用于设置尺寸线、尺寸界线的格式和位置,如图4-17所示。

●尺寸线

"尺寸线"选项组:设置尺寸线的颜色、线型、线宽、超出标记、基线间距和隐藏控制等。设置时要注意以下几点:

a.颜色、线型和线宽:用于设置尺寸线的颜色、线型和线宽。常规情况下,尺寸线的颜色、线型和线宽都采用系统的默认选项"ByBlock"(随块)。

b.超出标记:当尺寸线截止符是箭头时此选项不可用。

c.基线间距:即指使用基线尺寸标注时两条尺寸线之间的距离,这个值要视字高来确定,这里暂选用10。

d.隐藏:通过选择"尺寸线1"和"尺寸线2"复选框,可以控制尺寸线两个组成部分的可见性。

●尺寸界线

"尺寸界线"选项组:设置尺寸界线的颜色、线型、线宽、超出尺寸线的长度、起点偏移量和隐藏控制等。其意义如下:

a.颜色、线型和线宽:设置为"ByBlock"(随块)。

b.超出尺寸线:用于控制尺寸界线超出尺寸线的距离,国标中规定为2~3 mm,在这里选用3。

c.起点偏移量:用于控制尺寸界线到定义点的距离,机械制图国标中设该值为0。

d.隐藏:通过选择"尺寸界线1"和"尺寸界线2"复选框,可以控制第1条和第2条尺寸界线的可见性,定义点不受影响。

图4-17 设置"线"选项卡

③设置"符号和箭头"选项卡

"符号和箭头"选项卡用于设置箭头、半径折弯标注等,常规设置如图4-18所示。

●箭头

"箭头"选项组:设置尺寸线和引线箭头的类型及箭头大小。

a.机械制图国标规定,尺寸线截止符采用"实心闭合"。

b.箭头大小:国标中规定为2~4 mm,在这里选用3。

●圆心标记

"圆心标记"选项组:设置圆心标记的有无、大小和类型。其中,圆心标记类型若选择"标记",则在圆心位置以短十字线标注圆心,该十字线的长度由"大小"编辑框设定。若选择"直线",则圆心标注线将延伸到圆外,"大小"编辑框用于设置中间小十字标记和标注线延伸到圆外的尺寸。一般情况下选择"无"即可。

●半径折弯标注

当圆弧半径较大、超出图幅时,不便于直接标出圆心,因此将尺寸线折弯,这里折弯角度设为"15"。

图4-18　设置"符号和箭头"选项卡

④设置"文字"选项卡

"文字"选项卡用于设置文字外观、位置、对齐等项目,设置参数如图4-19所示。

●"文字外观"选项组

a.文字样式:选择事先设置的"符号样式"。

b.文字颜色:选择"ByBlock"。

c.文字高度:视图幅规格按国标要求设置,这里选取"5"。

●"文字位置"选项组

按国标设置,"垂直"选"上","水平"选"居中","观察方向"选"从左到右","从尺寸线偏移"选"1",它是文字偏移尺寸线的距离。

●"文字对齐"选项组

a.水平:这个单选项用于标注角度和半径。

b.与尺寸线对齐:这个单选项为线性类尺寸标注的常用选项。

⑤设置"调整"选项卡

"调整"选项卡包括"调整选项"、"文字位置"、"标注特征比例"和"优化"四个选项组,采用默认设置即符合国标要求,必要时再做修改,如图4-20所示。

图4-19 设置"文字"选项卡

图4-20 设置"调整"选项卡

⑥设置"主单位"选项卡

"主单位"选项卡用于设置单位格式、精度、测量单位比例等,如图4-21所示。

●"线性标注"选项组

a.单位格式:选择"小数"。

b.精度:依据图形精度需要设置小数点后的位数,这里设为"0"。

c.小数分隔符:选择"'.'(句点)"。

其他选项取系统默认值。

设置完毕,单击"确定"按钮,这时会得到一个新的尺寸标注样式——基本样式。在"标注样式管理器"对话框的"样式"列表中选择新创建的样式"基本样式",单击"置为当前"按钮,将其设置为当前样式,用这个样式可以进行相应标注形式的标注。

图4-21　设置"主单位"选项卡

(4)标注尺寸

①线性标注

在标注图样中使用"捕捉"功能,指定两条尺寸界线原点。

采用下述方法中的一种启用"线性标注"命令:

> 功能区面板:<默认><注释><线性>
> 下拉菜单:[标注][线性]
> 命令行窗口:DIMLINEAR↙

启动"线性标注"命令后,AutoCAD提示:

命令:_dimlinear

指定第一个尺寸界线原点或 <选择对象>:**捕捉交点或端点**

　　　　　　　　　　　　　　　　　//指定第一条尺寸界线原点

指定第二条尺寸界线原点:**捕捉交点或端点**　　//指定第二条尺寸界线原点

指定尺寸线位置或[多行文字(M)/文字(T)/角度(A)/水平(H)/垂直(V)/旋转(R)]:**在合适位置单击一点**　　　　　　　　　　//指定尺寸线位置

按上述操作,完成图4-1中尺寸23、54、9和5的标注。

②圆和圆弧标注

在AutoCAD中,使用半径或直径标注,可以标注圆和圆弧的半径或直径。

标注圆和圆弧的半径或直径时,AutoCAD在标注文字前自动添加符号R(半径)或ϕ(直径),步骤如下:

> 功能区面板:<默认><注释><半径>或<默认><注释><直径>
> 下拉菜单:[标注][半径]或[标注][直径]
> 命令行窗口:DIMRADIUS✓或DIMDIAMETER✓

AutoCAD提示:

命令:_dimradius(或_dimdiameter)

选择圆弧或圆:**单击要标注的圆或圆弧**　　　　　　//选择标注对象

指定尺寸线位置或[多行文字(M)/文字(T)/角度(A)]:**在放置尺寸线的位置单击**

//选择尺寸线位置

按上述操作,完成图4-1中ϕ24、R2、R14、R36、R29及2个R24的尺寸标注。

③前缀带ϕ的线性标注

●创建"非圆样式"的标注样式

进行线性标注时,若系统测量尺寸数据前需要标注符号"ϕ",如图4-1中的尺寸ϕ14和ϕ18,则可采用"非圆样式"进行标注。

"非圆样式"在"基本样式"的基础上创建,打开"标注样式管理器"对话框,选择"基本样式",然后单击"新建"按钮,在打开的"创建新标注样式"对话框中输入新样式名称为"非圆样式"。

单击"继续"按钮,打开"新建标注样式"对话框,将"主单位"选项卡中的前缀设为"%%C",如图4-22所示。

图4-22　"非圆样式"设置

●标注前缀带ϕ的线性尺寸

将标注样式中的"非圆样式"置为当前,输入"线性标注"命令,对尺寸$\phi14$和$\phi18$进行标注。

④带引线的标注

对于装配图中零件的序号、零件图中的倒角等带引线的标注,可采用"引线"命令进行标注。

●设置多重引线样式

调用"多重引线样式"命令:

功能区面板:<默认> <注释> <多重引线样式>

下拉菜单:[格式][多重引线样式]

命令行窗口:MLEADERSTYLE↙

执行上述操作,打开"多重引线样式管理器"对话框,如图4-23所示。单击"新建"按钮,打开"创建新多重引线样式"对话框,输入新样式名称为"倒角",如图4-24所示。单击"继续"按钮,打开"修改多重引线样式"对话框,对"引线格式"、"引线结构"和"内容"选项卡进行设置,如图4-25、图4-26和图4-27所示。单击"确定"按钮,回到"多重引线样式管理器"对话框,将刚建立的"倒角"样式"置为当前",关闭"多重引线样式管理器"对话框。

图4-23 "多重引线样式管理器"对话框

图4-24 "创建新多重引线样式"对话框

图4-25 "引线格式"选项卡设置

图4-26 "引线结构"选项卡设置

●标注倒角

对倒角 C2 进行标注,调用"多重引线"命令:

功能区面板:<默认><注释><引线>

下拉菜单:[标注][多重引线]

命令行窗口:MLEADER↙

图4-27　"内容"选项卡设置

AutoCAD提示：

命令：_mleader

指定引线箭头的位置或［预输入文字(T)/引线基线优先(L)/内容优先(C)/选项(O)］<

选项>：**单击要标注的倒角上一点**　　　　　　　　　　　//此点是引线的起点

　　指定引线基线的位置：**在倒角延长线上单击一点确定引线的长度**

　　　　　　　　　　　　　　　　　　　　　　　　　　　//此点是引线的终点

覆盖默认文字［是(Y)/否(N)］<否>：↙　　　　　　　//回车,选择不覆盖"内容"选

　　　　　　　　　　　　　　　　　　　　　　　　　　项卡设置的默认文字"C2",

　　　　　　　　　　　　　　　　　　　　　　　　　　完成倒角标注

至此,完成图形中全部尺寸的标注。

6.保存图形

单击"保存"按钮,选择合适的位置,以"图4-1"为名保存。

💡 **补充知识**

在机械制图中,《机械制图　尺寸注法》(GB/T 4458.4—2003)要求角度的数字一律写成水平方向,注在尺寸线中断处,必要时可以写在尺寸线上方或外边,也可以引出,如图4-28所示。

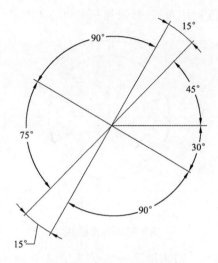

图4-28　角度标注

1.创建角度标注样式

　　为了满足绘图要求,在使用AutoCAD设置标注样式时,用户可以创建角度标注样式。在基本样式的基础上,在"文字"选项卡的"文字对齐"选项组中,选择"水平"单选按钮,其他选项按绘图要求设置,如图4-29所示。单击"确定"按钮,将新建的样式置为当前,这时就可以使用该角度标注样式来标注角度尺寸了。

图4-29　角度标注样式的设置

2.角度标注的操作要点

采用下述方法中的一种调用"角度标注"命令:

```
功能区面板:<默认><注释><角度>
下拉菜单:[标注][角度]
命令行窗口:DIMANGULAR↙
```

如图4-30所示,使用角度标注对圆、圆弧和三点间的角度进行标注时,其操作要点是:

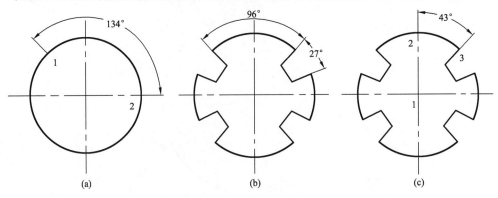

图4-30   角度标注

(1)标注圆时,首先在圆上单击确定第一个点[如图4-30(a)中的点1],然后指定圆上的第二个点[如图4-30(a)中的点2],再确定放置尺寸的位置。

(2)标注圆弧时,可以直接选择圆弧,如图4-30(b)所示。

(3)标注直线间夹角时,选择两条直线即可,如图4-30(b)所示。

(4)标注三点间的角度时,先回车,然后指定角的顶点[如图4-30(c)中的点1]和另两个点[如图4-30(c)中的点2和点3]。

(5)在机械制图中,角度尺寸的尺寸线为圆弧的同心弧,尺寸界线沿径向引出。

提示、注意、技巧

在机械制图中,使用半径标注和直径标注来标注圆和圆弧时,需要注意以下几点:

1. 完整的圆应标注直径,如果图形中包含多个规格完全相同的圆,应标注出圆的总数。

2. 小于半圆的圆弧应使用半径标注。但应注意,即使图形中包含多个规格完全相同的圆弧,也不注出圆弧的数量。

3. 半径和直径的标注样式有多种,常用"标注文字水平放置",如图4-31所示。

图4-31   半径和直径的标注样式

4. 在图4-31中的R5、ϕ20和4×ϕ5尺寸是将标注文字水平放置,可利用前面设置的"角度样式"进行标注。

4.2 绘制三视图及尺寸标注

　　绘制组合体三视图前,首先应对组合体进行形体分析。分析组合体是由哪几部分组成的,每一部分的几何形状,各部分之间的相对位置关系,相邻两基本体的组合形式等。然后根据组合体的特征选择主视图,主视图的方向确定之后,其他视图的方向也就随之确定。

　　任务　绘制如图4-32所示形体的三视图并标注尺寸。

　　目的　通过绘制此图形,熟悉三视图的绘制方法和技巧,学会利用对象捕捉、对象捕捉追踪的方法,来保证三视图的三等关系,提高绘图速度,学习尺寸的标注与编辑方法。

　　图形分析　绘制此图形时,首先应利用形体分析方法读懂图形,弄清图形结构和各图形间的对应关系。此形体可分为三部分,长方体的底座、上部的圆筒、左侧带圆孔的立板。圆筒是空心的,位于长方体底座的正上方。画图时应按每个结构在三个视图中同时绘制,在AutoCAD中也可先画主、俯视图,再画左视图,不要一个视图画完之后再去画另一个视图。

　　在AutoCAD中绘图,无论是多大尺寸的图形,都可以按照1∶1的比例绘制。

绘制形体的三视图

图4-32　形体的三视图

绘图步骤分解

1.新建图纸

新建一张图纸,绘图单位选择"公制",根据该图形的尺寸,图纸区域取系统的默认值A3（420×297）。

2.设置对象捕捉

设置"交点"、"圆心"和"端点"等对象捕捉点,并启用"对象捕捉"功能。

3.设置图层

按图形要求,打开"图层特性管理器"选项板,设置以下图层:

图层名	颜色	线型	线宽
粗实线	白色	Continuous	0.50 mm
点画线	白色	CENTER	默认(0.25 mm)
虚线	红色	HIDDEN	默认(0.25 mm)
标注	蓝色	Continuous	默认(0.25 mm)

4.绘制图形

（1）选择图层

将"粗实线"层设置为当前层。所有图线均可用粗实线绘制,最后再变换线型。

（2）绘制底板的主视图及俯视图

利用"矩形"命令及"对象捕捉追踪"功能,绘制底板主、俯视图外形,利用"圆"、"偏移"、"镜像"及"圆角"命令绘制4个圆孔及底板圆角的投影,如图4-33所示。

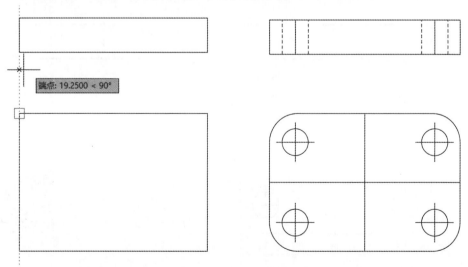

(a)绘制主视图的矩形时,利用 "对象捕捉追踪"
保证主、俯视图长对正

(b)绘制底板其余部分,将主视图孔的投影变成虚线

图4-33　绘制底板主、俯视图

（3）绘制上方圆筒、左侧立板的主、俯视图

综合运用"圆"、"矩形"、"偏移"、"修剪"和"圆弧"等命令，绘制圆筒、左侧立板的主视图及俯视图，将孔的主、俯视图变为虚线，如图4-34所示。

（a）绘制上方圆筒主、俯视图　　　（b）绘制左侧立板主、俯视图　　　（c）绘制立板水平圆孔主、俯视图

图4-34 绘制上方圆筒、左侧立板的主、俯视图

（4）绘制形体左视图

复制俯视图后并旋转，用来辅助绘制左视图，保证俯、左视图宽相等。综合运用"偏移""矩形""修剪"等命令及"对象捕捉追踪"功能，绘制形体的左视图，如图4-35所示。

图4-35 绘制形体左视图

（5）编辑图形

删除辅助图形；调整中心线的长度，并变到相应图层，显示线宽，如图4-36所示。

图 4-36　编辑图形

5.标注尺寸

（1）将"标注"层置为当前

（2）创建文字样式及标注样式

按本章4.1节所述方法创建"符号"文字样式,创建"基本样式"、"角度样式"及"非圆样式"等标注样式。

（3）标注尺寸

①线性标注

将标注样式中的"基本样式"置为当前,输入"线性标注"命令,对尺寸28、10、45、17、44、60、24、40进行标注。

②圆和圆弧标注

将标注样式中的"基本样式"或"角度样式"置为当前,输入"半径标注"和"直径标注"命令,对尺寸 $R8$、$R10$、$\phi 12$ 进行标注。

③前缀带 ϕ 的线性标注

将标注样式中的"非圆样式"置为当前,输入"线性标注"命令,对尺寸 $\phi 14$ 和 $\phi 30$ 进行标注。

④4× $\phi 8$ 的标注

将标注样式中的"基本样式"或"角度样式"置为当前,输入"直径标注"命令,AutoCAD提示:

命令：_dimdiameter

选择圆弧或圆：**选择直径为8的圆**

标注文字 = 8

指定尺寸线位置或 [多行文字(M)/文字(T)/角度(A)]：**T** ↙

输入标注文字 <8>：**4×%%c8** ↙　　　　　　　　*// 在命令行窗口输入"4×%% c8"，其中"%%c"会自动变为 "φ"，回车结束输入*

指定尺寸线位置或 [多行文字(M)/文字(T)/角度(A)]：**单击一点**

　　　　　　　　// 确定尺寸线位置

至此，完成图形中全部尺寸标注。

6.保存图形

调用"保存"命令，以"图4-32"为名保存图形。

 补充知识

1.对齐标注

"对齐标注"命令用于标注与水平线倾斜的尺寸，如图3-1中的尺寸100和90。

采用下述方法中的一种启用"对齐标注"命令：

功能区面板：<默认> <注释> <对齐>

下拉菜单：[标注][对齐]

命令行窗口：DIMALIGNED↙

AutoCAD提示：

指定第一条尺寸界线原点或 <选择对象>：**捕捉交点**　　　*// 指定第一条尺寸界线原点*

指定第二条尺寸界线原点：**捕捉交点**　　　　　　　*// 指定第二条尺寸界线原点*

指定尺寸线位置或 [多行文字(M)/文字(T)/角度(A)]：**单击一点**

　　　　　　　　// 指定尺寸线位置

2.折弯标注

当圆弧半径较大，不便于直接标出圆心时，可将尺寸线折弯进行标注。

（1）设置折弯角度

打开"标注样式管理器"对话框，选择前面设置好的"基本样式"，单击"修改"按钮，在打开的"修改标注样式"对话框中，选择"符号和箭头"选项卡，将"折弯角度"设置为"60"，如图4-37所示。

（2）半径折弯标注

如图4-38所示，标注 $R100$ 的尺寸。

115

图4-37　设置折弯角度

采用下述方法中的一种启用"折弯标注"命令：

功能区面板：<默认> <注释> <折弯>

下拉菜单：[标注][折弯]

命令行窗口：DIMJOGGED↙

图4-38　折弯标注示例

AutoCAD提示：

命令：_dimjogged

选择圆弧或圆：**拾取圆弧**　　　　　　　　　　　　//选择圆弧上一点

指定图示中心位置：**拾取一点**　　　　　　　　　　//不要选在圆心上

标注文字 = 100

指定尺寸线位置或[多行文字(M)/文字(T)/角度(A)]：**拾取一点**　//指定文字位置

指定折弯位置：**拾取一点**　　　　　　　　　　　//指定折弯位置

3.编辑尺寸标注

标注尺寸后可以对其进行修改，方法有以下几种：

(1)使用命令修改尺寸标注

使用"倾斜标注"命令，可以修改原尺寸的尺寸界线。默认情况下，AutoCAD创建与尺寸线垂直的尺寸界线。当尺寸界线过于贴近图形轮廓线时，允许倾斜标注。因此可以修改尺寸界线的角度,实现倾斜标注。

修改如图4-39(a)所示长度为11的尺寸界线的步骤如下:

(a)　　　　　　　　　　　(b)

图4-39　尺寸为11的尺寸界线

使用下述任一种方法启动"倾斜标注"命令:

> 功能区面板:<注释><标注><倾斜>
> 下拉菜单:[标注][倾斜]
> 命令行窗口:DIMEDIT✓

AutoCAD提示:

命令:_dimedit

输入标注编辑类型[默认(H)/新建(N)/旋转(R)/倾斜(O)]<默认>:**O**✓

　　　　　　　　　　　　　　　　//选择标注编辑类型

选择对象:**选择尺寸线11**　　　　　　//选择要倾斜标注的尺寸

选择对象:✓　　　　　　　　　　//结束选择

输入倾斜角度(按Enter键表示无):**60**✓

倾斜后的标注如图4-39(b)所示。

(2)利用夹点调整标注位置

使用夹点可以非常方便地移动尺寸线、尺寸界线和标注文字的位置。在该编辑模式下,可以通过调整尺寸线两端或标注文字所在处的夹点来调整标注的位置,也可以通过调整尺寸界线夹点来调整标注长度。

例如,要调整如图4-40(a)所示的轴段尺寸25的标注位置以及在此基础上再调整标注长度,可按如下步骤进行操作:

①单击尺寸标注"25",这时在该标注上将显示夹点,如图4-40(b)所示。

②单击尺寸线所在处的夹点(3个夹点任选1个,此处选择左侧夹点),该夹点将被选中。向下拖动光标,可以看到夹点跟随光标一起移动。

③在点1处单击,确定新标注位置,如图4-40(c)所示。

④单击该尺寸界线左上端的夹点,将其选中,如图4-40(c)所示。

⑤向左移动光标并捕捉到点2,单击确定捕捉到的点,如图4-40(d)所示。

⑥回车结束操作,则该轴的总长尺寸75被注出,如图4-40(e)所示。

(a)原图尺寸

(b)选择尺寸标注

(c)调整标注位置

(d)捕捉点

(e)调整标注长度

图4-40　利用夹点调整尺寸标注

(3)编辑尺寸标注特性

在AutoCAD中,通过"特性"选项板可以了解图形中所有的特性,例如线型、颜色、文字位置以及由标注样式定义的其他特性。因此,可以使用该选项板查看和快速编辑包括标注文字在内的任何标注特性。

打开"特性"选项板的方法如下:

功能区面板:<默认><特性><特性>

下拉菜单:[修改][特性];[工具][选项板][特性]

命令行窗口:PROPERTIES✓

编辑尺寸标注特性的方法如下:

①在图形中选择需要编辑其特性的尺寸标注,如图4-40(b)所示夹点状态。

②选择下拉菜单[修改][特性]选项,打开"特性"选项板。这时在"特性"选项板中将显示该尺寸标注的所有信息。

③在"特性"选项板中可以根据需要修改标注特性,如颜色、线型等。

④如果要将修改的标注特性保存到新样式中,可用鼠标右键单击修改后的标注,从弹出的快捷菜单中选择[标注样式][另存为新样式]选项。

⑤在"另存为新标注样式"对话框中输入新样式名,然后单击"确定"按钮。

(4)标注的关联与更新

通常情况下,尺寸标注和样式是相关联的,当标注样式修改后,使用"标注更新"命令可以快速更新图形中与标注样式不一致的尺寸标注。

启动"标注更新"命令的方法如下:

功能区面板:<注释><标注><更新>
下拉菜单:[标注][更新]
命令行窗口:DIMSTYLE↙

例如,修改如图4-41所示的轴径尺寸标注7,首先以没有前缀的线性标注样式标注完成,然后使用"标注更新"命令修改成φ7。具体操作可按以下步骤进行:

(a)修改前标注　　　　(b)修改后标注

图4-41　利用标注更新修改尺寸

①选择下拉菜单[格式][标注样式]选项,打开"标注样式管理器"对话框。

②在"样式"列表中选取"基本样式"并将其置为当前,单击"替代"按钮,在打开的"替代当前样式"对话框中选择"主单位"选项卡,在"前缀"文本框内输入"%%c",然后单击"确定"按钮,在"标注样式管理器"对话框中单击"关闭"按钮。

③输入"标注更新"命令。

④在图形中单击需要修改其标注的对象,回车结束对象选择,即完成标注的更新。

提示、注意、技巧

1.在图形中选择需要编辑其特性的尺寸标注,通过单击鼠标右键,从弹出的快捷菜单中选取"特性"选项来编辑。通过双击尺寸标注也可以达到同样的目的。

2."标注更新"命令用于将选择的标注样式更新为当前的标注样式,可以一次选择多个尺寸标注。

4.3 绘制轴测图

常用的轴测图有正等轴测图和斜二轴测图。绘制轴测图时也要对图形进行形体分析，分析组合体的组成，然后作图。

利用 AutoCAD 绘制正等轴测图时，专门设置了"等轴测捕捉"的栅格捕捉样式。而画斜二测轴测图时利用45°的极轴追踪线很容易绘制。所以这里只介绍正等轴测图的绘制方法。

任务 绘制如图 4-42 所示的轴测图。

图4-42 轴测图

目的 通过绘制此图形，熟悉轴测图的绘制方法和技巧。

图形分析 该图形是一个正等轴测图。水平方向是一个长方体的板，其上开一个圆形通孔，并倒有圆角。正立面结构与水平面相同。侧立面上用一个水平面和一个侧垂面截去一个角。

绘图步骤分解

1. 新建图形

创建一张新图，选择默认设置。

2. 设置对象捕捉

绘制该图形时，常常会用到"端点"、"中点"、"交点"、"圆心"和"象限点"，打开"草图设置"对话框，选择"对象捕捉"选项卡，设置以上捕捉选项。

3. 设置图层

该图形只用到了粗实线，所以可以只设置一个"粗实线"层，线型为 Continuous，线宽为0.50 mm。

4. 设置捕捉类型

在状态栏的"捕捉模式"或"栅格"按钮上单击鼠标右键，在弹出的快捷菜单中选择"捕捉设置"或"网格设置"选项，打开"草图设置"对话框，在"捕捉和栅格"选项卡上设置"捕捉类型"为"等轴测捕捉",如图4-43所示。

图4-43 "草图设置"对话框

单击"确定"按钮,此时光标变成了等轴测光标,如图4-44所示。光标方向可通过 F5 键切换。

(a)等轴测左视　　　　　　(b)等轴测俯视　　　　　　(c)等轴测右视

图4-44 等轴测光标

5.绘制水平底板

(1)绘制上表面

按 F5 键,将光标切换至"等轴测俯视"状态,调用"直线"命令,打开"正交"功能,在屏幕上任意一点单击,确定点A,向右上移动鼠标,输入长度值40,回车确定点B。再向右下移动光标,输入长度值40,回车确定点C。依此类推,画出上表面的菱形,如图4-45所示。

图4-45 绘制上表面

(2)绘制左表面

按 F5 键,将光标切换至"等轴测左视"状态。调用"直线"命令,捕捉点A,向下移动光标,给出距离10,回车确定点E。向右下移动光标,给定距离40,回车确定点F,向上移动光标,捕捉端点 D,完成左侧面 $AEFD$ 的绘制,如图 4-46 所示。

（3）绘制前表面

按 $\boxed{\text{F5}}$ 键,将光标切换至"等轴测右视"状态。以同样的方法,绘制前表面线 FGC,得前表面 $FGCD$,如图 4-47 所示。

图 4-46 绘制左表面

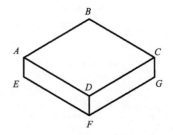

图 4-47 绘制前表面

6. 绘制右侧、后侧立板

（1）按 $\boxed{\text{F5}}$ 键,切换光标方向,按尺寸要求绘制右侧、后侧立板的内侧轮廓线,如图 4-48(a) 所示。

（2）绘制外侧轮廓线,删除 AE、CG 处线段,如图 4-48(b) 所示。

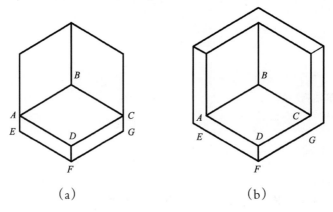

（a）　　　　　　　　（b）

图 4-48 绘制立板

7. 绘制底面圆孔

（1）确定椭圆中心

调整光标至"等轴测俯视"状态,调用"直线"命令,连接 AB、CD 的中点,AD、BC 的中点,连线的交点 O 为圆孔在上表面的中心。

（2）绘制椭圆

选择下拉菜单[绘图][椭圆][轴,端点]命令,AutoCAD 提示：

命令:_ellipse

指定椭圆轴的端点或[圆弧(A)/中心点(C)/等轴测圆(I)]:**I**✓　　　　//绘制等轴测圆

指定等轴测圆的圆心:**捕捉交点 O**

　指定等轴测圆的半径或[直径(D)]:**10**✓　　　　　　　　　　//上表面椭圆完成

（3）绘制下底面椭圆

调整光标至"等轴测左视"或"等轴测右视"状态，"正交"功能处于打开状态，调用"复制"命令，向下10个单位复制刚刚绘制的椭圆，如图4-49（a）所示。

（4）修改图形

删除确定中心的辅助直线。再以上表面椭圆为修剪边界，修剪下底面椭圆线，结果如图4-49（b）所示。

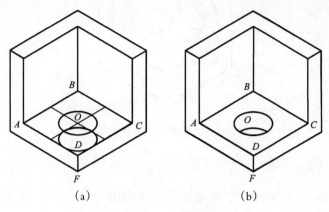

图4-49　绘制椭圆

8.绘制底面圆角

（1）调用"椭圆"命令，选择"等轴测圆（I）"选项，以上表面椭圆圆心为圆心，绘制半径为20的椭圆，再向下复制该椭圆，如图4-50（a）所示。

（2）调用"修剪"命令修剪图形，结果如图4-50（b）所示。

图4-50　绘制底面圆角

提示、注意、技巧

此处不能用"圆角"命令，因为轴测图中的圆角是椭圆弧，而用"圆角"命令所绘制的弧线为圆弧。

123

9.绘制后侧立面的圆孔和圆角

调整光标至"等轴测右视"状态,用前面的方法绘制圆孔和圆角,结果如图4-51所示。

图4-51　绘制后侧立面结构

10.绘制右侧立面结构

(1)将光标调整至"等轴测右视"状态,"正交"功能处于打开状态,调用"直线"命令,捕捉端点 P,向上30个单位,绘制直线 PH,向左10个单位,确定点 I,按 F5 健,调整光标至"等轴测左视"状态,向左上移动光标,给定距离20个单位,确定点 J,如图4-52(a)所示。

(2)再调用"直线"命令,将光标调整至"等轴测俯视"状态,捕捉点 Z,向右下移动光标,给定距离20个单位,确定点 M,再向左下移动光标,给定距离10,确定点 N,按 F8 键,关闭"正交"功能,捕捉点 J,完成折线 $ZMNJ$ 的绘制,如图4-52(a)所示。

(3)调用"直线"命令,捕捉点 H,打开"正交"功能,给定距离20,绘制 HK,按 F8 键,关闭"正交"功能,捕捉点 M,完成 HKM 的绘制,如图4-52(b)所示。

(4)调用"直线"命令,连接 JK。结果如图4-52(b)所示。

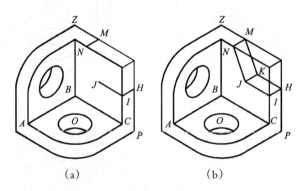

(a)　　　　　　　　　(b)

图4-52　绘制右侧立面结构

提示、注意、技巧

　　直线*HI*与*PF*的距离为30,在轴测图中不能用偏移复制方法获得。因为偏移复制所给的距离为原直线与偏移复制的直线间的垂直距离,如图4-53所示。

图4-53　轴测图中偏移直线

11.编辑整理图形

删除直线*ZM*、*PH*,用"修剪"命令修剪图形。完成图形如图4-42所示。

12.保存图形

调用"保存"命令,以"图4-42"为名保存图形。

一、基础题

1.绘制图4-54~图4-58所示的平面图形,并标注尺寸。

图4-54　基础题1(1)　　　　　　　　　图4-55　基础题1(2)

图 4-56　基础题 1(3)　　　　　　　　　　　图 4-57　基础题 1(4)

图 4-58　基础题 1(5)

2.绘制图 4-59~图 4-61 所示的三视图,并标注尺寸。

图 4-59　基础题 2(1)

图 4-60　基础题 2(2)

图 4-61　基础题 2(3)

二、拓展题

1.绘制图4-62、图4-63所示的平面图形,并标注尺寸。

图4-62　拓展题1(1)

图4-63　拓展题1(2)

2.绘制图4-64~图4-66所示的两视图,补画第三视图,并标注尺寸。

图4-64　拓展题2(1)

图4-65 拓展题2(2)

图4-66 拓展题2(3)

3.绘制图4-67~图4-69所示的图形,不标注尺寸。

图4-67　拓展题3(1)

图4-68　拓展题3(2)

图4-69　拓展题3(3)

第5章

绘制零件图

 本章要点

　　本章通过典型零件图的绘制,介绍文字标注、尺寸公差标注、几何公差标注、块、样板图与设计中心等知识,旨在使用户掌握机械图样的绘制方法。

 素养提升

　　开国大典前期,年仅36岁的林治远接到了设计国旗杆的任务。在开国大典的前一晚,设备突然发生故障,时间紧,难度大,其通过反复试验,终于在开国大典当天让五星红旗顺利升到旗杆顶。通过这个故事,我们要懂得将责任感根植于心,养成精益求精的工作习惯,努力 培养工程素养和工匠精神。

　　读后感:＿＿＿＿＿＿＿＿＿＿＿＿＿＿＿＿＿＿＿＿＿＿

＿＿＿＿＿＿＿＿＿＿＿＿＿＿＿＿＿＿＿＿＿＿＿＿＿＿＿＿＿＿＿＿＿

＿＿＿＿＿＿＿＿＿＿＿＿＿＿＿＿＿＿＿＿＿＿＿＿＿＿＿＿＿＿＿＿＿

＿＿＿＿＿＿＿＿＿＿＿＿＿＿＿＿＿＿＿＿＿＿＿＿＿＿＿＿＿＿＿＿＿

＿＿＿＿＿＿＿＿＿＿＿＿＿＿＿＿＿＿＿＿＿

延伸阅读

5.1 文字输入、尺寸公差的标注及样板图的创建与使用

任务 使用样板图绘制如图5-1所示的扳手零件图。

目的 通过绘制此图形,掌握样板图的创建与应用、文字标注、尺寸公差标注等知识,掌握机械图样的绘制方法。

图5-1 扳手零件图

绘图步骤分解

1.创建样板图

当使用AutoCAD创建一个图形文件时,通常需要先对图形进行一些基本的设置,诸如绘图单位、角度、区域等。AutoCAD为用户提供了三种设置方式:使用样板、从草图开始、使用向导。

使用样板,其实是调用预先定义好的样板图。样板图是一种包含特定图形设置的图形文件(扩展名为dwt)。

绘制扳手零件图

如果使用样板图来创建新的图形,则新的图形继承了样板图中的所有设置。这样就避免了大量的重复设置工作,而且也可以保证同一项目中所有图形文件的标准统一。新的图形文件与所用的样板文件是相对独立的,因此新图形中的修改不会影响样板文件。

AutoCAD系统为用户提供了风格多样的样板文件,在默认情况下,这些样板文件存储在易于访问的Template文件夹中。用户可在"创建新图形"对话框中使用这些样板文件,如

图5-2所示。如果用户要使用的样板文件没有存储在Template文件夹中,则可单击"浏览"按钮,打开"选择样板文件"对话框来查找样板文件,如图5-3所示。

图5-2　"创建新图形"对话框

图5-3　"选择样板文件"对话框

除了使用AutoCAD提供的样板,用户也可以创建自定义样板文件,任何现有图形都可作为样板。下面介绍创建A3样板文件的方法。

(1)设置图幅

选择下拉菜单[文件][新建]命令,打开"创建新图形"对话框,单击"使用向导"按钮。

利用"快速设置"或"高级设置",设定单位为"小数"、作图区域为"420×297"(A3),其他选项执行默认设置。执行"全局缩放"命令,使A3图幅全屏显示。

(2)建立图层

按需要创建如图5-4所示的图层,并设定颜色、线型及线宽。注意:图层的颜色可以随意设置,但线型和线宽必须按标准设定。

图5-4   图层的设置

（3）设置文本样式

本书第4章介绍了工程图中一般需创建"汉字"和"符号"两种文字样式。

"汉字"文字样式：用于输入汉字，字体选择"gbenor.shx"，选择"使用大字体"复选框，大字体样式为"gbcbig.shx"。

"符号"文字样式：用于输入非汉字符号，字体选择"gbenor.shx"，不选"使用大字体"复选框。

在第4章中的4.1中节介绍了创建"符号"文字样式的方法，在此学习创建"汉字"文字样式的方法，可按如下步骤进行操作：

①可用以下方法当中的任意一种方法，打开"文字样式"对话框，如图4-12所示。

```
功能区面板:<默认><注释><文字样式>
下拉菜单:[格式][文字样式]
命令行窗口:STYLE↙
```

②在该对话框中单击"新建"按钮，打开"新建文字样式"对话框，在"样式名"文本框中输入文字样式名称"汉字"。

③单击"确定"按钮，返回"文字样式"对话框。

在"字体"选项组中，字体选择"gbenor.shx"，选择"使用大字体"复选框，大字体样式为"gbcbig.shx"，高度为0.0000，宽度因子为1.0000，如图5-5所示。单击"应用"按钮，将对文字样式进行的设置应用于当前图形。单击"关闭"按钮，保存样式设置。

图5-5   设置字体

> **提示、注意、技巧**
>
> 　　选择"使用大字体"复选框,可创建支持汉字等大字体的文字样式,此时"大字体"下拉列表框被激活,从中选择大字体样式,用于指定大字体的格式,如汉字等大字体,常用大字体样式为"gbcbig.shx"。
>
> 　　"高度":用于设置输入文字的高度。若设置为0.0000,输入文字时将提示指定文字高度。

(4)设置标注样式

标注样式主要设置基本样式、角度样式、非圆样式及公差样式等。在第4章中介绍了前三种标注样式的设置与应用,在此学习创建公差样式的方法,可按如下步骤进行操作:

①以"基本样式"为基础样式,新建"公差样式"。

②在"新建标注样式"对话框中选择"公差"选项卡,参数设置如图5-6所示:

图5-6 "公差"选项卡参数设置

注意:系统默认"上偏差"为正值,"下偏差"为负值。

(5)绘制边框

绘制两个矩形,为A3图纸的大小和边框线,粗、细实线应设在不同的图层上,尺寸如图5-7所示。

图5-7　A3图纸的边框线

（6）绘制标题栏

使用"矩形"命令在"粗实线"层绘制180×30的矩形。

使用"分解"命令将矩形分解,使用"偏移"命令复制标题栏的内部直线,再使用"修剪"命令修剪图线,最后将内部的图线调整到"细实线"层,如图5-8所示。

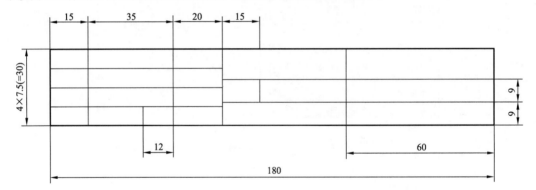

图5-8　标题框

（7）填写标题栏文字

①填写图名文字"扳手"

将图层切换到"文本"层。确定"汉字"文字样式为当前文字样式。

画出辅助对角线 *MN*。

采用单行文字填写标题栏。注写单行文字的步骤如下：

```
功能区面板:<默认><注释><单行文字>
下拉菜单:[绘图][文字][单行文字]
命令行窗口:DTEXT(DT)↙
```

输入"单行文字"命令,AutoCAD提示：

命令:_text   //调用"单行文字"命令

当前文字样式:"汉字"　文字高度:2.5000　注释性：否

指定文字的起点或[对正(J)/样式(S)]:**J**✓

输入选项[对齐(A)/布满(F)/居中(C)/中间(M)/右对齐(R)/左上(TL)/中上(TC)/右上(TR)/左中(ML)/正中(MC)/右中(MR)/左下(BL)/中下(BC)/右下(BR)]:**MC**✓

//选择"正中(MC)"选项

指定文字的中间点: //捕捉MN中点

指定高度 <2.5000>:**7**✓   //给定文字高度

指定文字的旋转角度 <0>:✓   //选择默认旋转角度

然后输入"扳手"两个字,如图5-9所示,回车两次,结束命令。删除直线MN。

注意:"扳手"两个字中间有一个空格,如书写时没有加,可双击"扳手"文字,重新编辑,加上空格,否则文字太密,不协调。

图5-9　填写图名

②填写"设计"文字

先作出相应的辅助线,与MN类似。

输入"单行文字"命令,AutoCAD提示:

命令:_text

当前文字样式:"汉字"　当前文字高度:7.0000　注释性:否

指定文字的起点或[对正(J)/样式(S)]:**J**✓

输入选项[对齐(A)/布满(F)/居中(C)/中间(M)/右对齐(R)/左上(TL)/中上(TC)/右上(TR)/左中(ML)/正中(MC)/右中(MR)/左下(BL)/中下(BC)/右下(BR)]:**MC**✓

//选择"正中(MC)"选项

指定文字的中间点: //捕捉捕助线的中点

指定高度 <7.0000>:**5**✓   //给定新的高度值

指定文字的旋转角度 <0>:✓   //回车

输入"设计"两个字,两次回车,结束命令。删除相应的辅助线。

③填写其他文字

可以利用上述方法,将光标置于其他格中,填写其他文字。我们这里介绍利用"复制"和"编辑"的方法,这样填写文字更加方便。

调用"复制"命令,以"设计"所在格的左上角点为基准点,复制出如图5-10所示位置的文字,然后将复制的"设计"双击或通过快捷菜单"特性"命令,进入编辑文字状态,即可对要修改的文字内容进行修改。

设计					扳手
设计					
设计					
设计					

图 5-10　复制"设计"

用类似的方法填写完标题栏,如图 5-11 所示。

设计			45		××职业技术学院
校核			比例	1:1	扳手
审核					
班级		学号	共　张　第　张		

图 5-11　填写标题栏

(8)保存图形文件

选择[文件][另存为]选项,打开"图形另存为"对话框。设置"文件类型"为"AutoCAD 图形样板(*.dwt)",在"文件名"文本框中输入样板文件的名称"A3样板图",如图 5-12 所示。

图 5-12　"图形另存为"对话框

单击"保存"按钮,打开"样板选项"对话框,如图 5-13 所示,在"说明"文本框中输入文字 "A3样板图",在"启动"或"创建新图形"对话框中选择样板时,将显示此说明,单击"确定"按 钮,完成样板图的创建。

图 5-13　"样板选项"对话框

提示、注意、技巧

　　用同样的方法,可以建立A0、A1、A2、A4样板图,也可在样板图中不画边框,对文字、标注等设置稍加修改,即可用于任何图纸。

2.应用样板图绘制如图5-1所示的扳手零件图

(1)调用样板图

调用样板图的方法如下:

①新建图形文件,在弹出的"创建新图形"对话框中单击"使用样板"按钮。

②选择文件"A3样板图 .dwt",如图5-14所示,双击打开样板图,可在其中进行绘图。

图5-14　单击"使用样板"按钮

(2)绘制图形

按前面所学知识绘制图形,此处省略。

(3)标注尺寸

参考第4章中尺寸标注的方法,标注所绘图形中各尺寸,此处省略。

(4)书写技术要求

　　图样的技术要求可使用单行文字输入,也可使用多行文字输入。使用多行文字可以创建较为复杂的文字说明。在AutoCAD中,多行文字的编辑是通过多行文字格式编辑器来完成的。多行文字格式编辑器相当于Windows的写字板,包括一个"文字编辑器"选项卡(位于功能区)和一个文字输入编辑框,可以方便地对文字进行录入和编辑。

　　可以采用下面任何一种方法输入多行文字:

```
功能区面板:<默认><注释><多行文字>
下拉菜单:[绘图][文字][多行文字]
命令行窗口:MTEXT(MT)↙
```

执行上述任一操作输入"多行文字"命令后,AutoCAD提示:

命令:_mtext

当前文字样式:"汉字"　文字高度:7　注释性:否

指定第一角点：**单击一点**   //在绘图区域中要注写文字处
                                               指定第一对角点

指定对角点或[高度(H)/对正(J)/行距(L)/旋转(R)/样式(S)/宽度(W)/栏(C)]：**单击指定对角点**   //在绘图区域中要注写文字处
                                               指定另一对角点

执行默认选项"指定对角点"后，AutoCAD将以指定的两个点作为对角点所形成的矩形区域作为文字行的宽度，在功能区弹出"文字编辑器"选项卡，在绘图区弹出文字输入编辑框，如图5-15所示。其具体操作步骤如下：

图5-15　"文字编辑器"选项卡及文字输入编辑框

①在"文字编辑器"选项卡中，可选择"字体"、"文字高度"等，同时还可以对输入的文字进行加粗、倾斜、加下画线、加上画线、文字颜色等设置；对段落设置不同的对齐方式，并可用字母、数字、项目符号标记给文字添加编号等；可对输入的字符进行字符间距设置和字符缩放操作。

②在文字输入编辑框中使用Windows文字输入法输入文字内容。

③输入特殊文字和字符

在文字输入编辑框中单击鼠标右键，在弹出的右键快捷菜单中选择"符号"选项，展开"符号"子菜单；或直接单击"文字编辑器"选项卡"插入"面板上的"符号"按钮，同样可展开"符号"子菜单。如果子菜单中给出的符号不能满足要求，可单击右键快捷菜单中的"其他"选项，利用"字符映射表"对话框进行操作。

提示、注意、技巧

　　编辑多行文字的方法比较简单，可双击在图样中已输入的多行文字，或者选中在图样中已输入的多行文字，单击鼠标右键，从弹出的快捷菜单中选择"编辑多行文字"命令，打开多行文字格式编辑器，然后编辑文字。

---

(5)标注表面粗糙度

绘制表面粗糙度符号，具体尺寸见附录1中附图1-7和附表1-4。采用"单行文字"命令填写表面粗糙度值。

至此，完成扳手零件图的绘制。

3.保存图形

调用"保存"命令,以"图5-1"为名保存图形。

 补充知识

1.有关"单行文字"的补充知识

设置文字及其他对齐方式时,可参照下面的提示进行操作:

对齐(A):选择该选项后,AutoCAD将提示用户确定文字行的起点和终点。输入结束后,系统将自动调整各行文字高度,以使文字适于放在两点之间。

布满(F):确定文字行的起点、终点。在不改变高度的情况下,系统将调整宽度因子,以使文字适于放在两点之间。

左上(TL):文字对齐在第一个文字单元的左上角点。

左中(ML):文字对齐在第一个文字单元左侧的竖直中点。

左下(BL):文字对齐在第一个文字单元的左下角点。

正中(MC):文字对齐在文字行竖直中点和水平中点。

中上(TC):文字的起点在文字行顶线的中间,文字向中间对齐。

居中(C):文字的起点在文字行基准底线的中间,文字向中间对齐。

另外,文字注写默认的选项是"左上(TL)"方式。其余各选项的释义留给读者自行实践,不再详述。

2.有关"多行文字"的补充知识

(1)在"多行文字"中创建堆叠文字

文字堆叠的形式有三种,第一种是水平堆叠,中间有分数线形式,如"$\frac{2}{3}$";第二种是水平堆叠,中间无分数线的形式,如"制图审核";第三种是斜分数的形式,如"3/4"。

可利用"堆叠"按钮创建堆叠文字。其操作过程及效果如图5-16所示。

图5-16　文字的堆叠

(2)在"多行文字"中输出特殊符号

同单行文字一样,在文字输入编辑框中输入"%%d""%%p""%%c",可以在图样中输出特殊符号"°""±""ϕ"。

(3)在"多行文字"中字符映射的使用

在对多行文字进行格式编辑时,如果选择右键快捷菜单中的"其他"选项,将打开"字符映射表"对话框,利用该对话框可以插入更多的字符。

(4)插入大段文字

当需要输入的文字很多时,我们可以用记事本书写成TXT文档,然后将其插入到图形文件中。方法是:在文字输入编辑框中单击鼠标右键,在弹出的快捷菜单中选择"输入文字"选项,系统弹出"选择文件"对话框,选中需要的文件(事先写好的TXT文档)后,单击"打开"按钮,就可将大段已经编辑好的文字插入到当前的图形文件中。

(5)设置背景遮罩

当输入的文字需要添加背景颜色时,可以在多行文字输入编辑框中单击鼠标右键,在弹出的快捷菜单中选择"背景遮罩"选项,系统弹出"背景遮罩"对话框,选择"使用背景遮罩"复选框,"边界偏移因子"控制的是遮罩的范围,再选择适合的背景颜色,如"黄"色,单击"确定"按钮即完成背景的设置。

(6)对正编辑

利用功能区"文字编辑器"选项卡中的各种对正按钮,可以方便地设置各种对齐方式。

5.2 块的建立与应用

任务 将扳手零件图(图5-1)中的表面粗糙度符号建成块,以便在其他零件图中使用。
目的 通过完成此任务,熟悉块的创建与使用方法。
创建与使用块的方法

为了使表面粗糙度符号能在其他图中使用,可将其建成块,这样当需要时直接插入即可。创建块及插入块的方法如下:

1.创建块

(1)绘制表面粗糙度符号

新建一个文件,绘制表面粗糙度符号,如图5-17所示,具体尺寸见附录1中附图1-7和附表1-4。

图5-17 表面粗糙度符号(1)

(2)块的创建

创建块的具体操作过程如下:

功能区面板:<默认><块><创建>
下拉菜单:[绘图][块][创建]
命令行窗口:BLOCK✓或BMAKE✓或B✓

用上述方法中的任一种方法输入"创建块"命令后,弹出如图5-18所示的"块定义"对话框。

图5-18 "块定义"对话框

①在"名称"文本框中输入块的名称,此处可输入"表面粗糙度"。

说明:单击"名称"文本框右侧的下拉按钮,打开其下拉列表,该下拉列表中显示了当前图形的所有块。

②单击"拾取点"按钮,"块定义"对话框消失,选取表面粗糙度符号下面尖点后,"块定义"对话框再次出现。

说明:理论上,用户可以任意选取一点作为插入点,但实际的操作中,建议用户选取实体的特征点作为插入点,如中心点、右下角等。

③单击"选择对象"按钮,"块定义"对话框再次消失,选取整个表面粗糙度符号,结束选择后,"块定义"对话框再次出现。此时,对话框如图5-19所示。

图5-19 "块定义"对话框的设置

说明:在"对象"选项组中有如下几个选项:保留、转换为块和删除。它们的含义如下:

保留:保留显示所选取的要定义块的实体图形。

转换为块:选取的实体转换为块。

删除:删除所选取的实体图形。

④块单位的设置:单击"块单位"下拉列表框右侧的下拉按钮,打开其下拉列表,用户可

从中选取所插入块的单位。

⑤说明:用户可以在"说明"文本框中详细描述所定义块的资料。

单击"确定"按钮,完成块的创建。

(3)块的输出

用上述方法创建的块只能在创建它的图形中应用,而有时用户需要调用别的图形中所定义的块。AutoCAD提供一个WBLOCK命令来解决这个问题。该命令把定义的块作为一个独立图形文件写入存储器中,以供其他图形使用。输出块文件的方法如下:

在命令行窗口中输入WBLOCK(或W)后回车,弹出"写块"对话框。

①在"源"选项组中选择"块"单选项,单击右边下拉列表框右侧的下拉按钮,在打开的下拉列表中选择刚创建的名为"表面粗糙度"的块。

②在"目标"选项组中设置输出的"文件名和路径"以及"插入单位"。本任务中的设置如图5-20所示。

图 5-20　"写块"对话框

单击"确定"按钮,完成写块操作。

提示、注意、技巧

用户在执行WBLOCK命令时,不一定先定义一个块,只要直接将所选的图形实体作为一个块保存在存储器上即可。

2.块的插入

打开先绘制好的图形,插入表面粗糙度符号,用户可以通过如下方法中任意一种来启动"插入块"对话框。

功能区面板:<默认><块><插入><最近使用的块>或<默认><块><插入><库中的块>
下拉菜单:[插入][块选项板]
命令行窗口:INSERT↙

　　输入"插入块"命令后,弹出"块"选项板,如图5-21所示,选择"最近使用的项目"选项卡,可找到刚建好的"表面粗糙度"块文件,将其拖进要插入的文件。

图5-21 "块"选项板

　　"块"选项板上有关"选项"的几点说明:

　　①"插入点"选项:插入点可在图形上指定或输入插入点的坐标值。

　　②"比例"选项:确定插入后块的缩放比例,可直接在"X""Y""Z"文本框中输入沿这三个方向缩放的比例因子。

　　③"旋转"选项:指定插入块时的旋转角度,可在"角度"文本框中直接输入旋转角度值,此处输入角度为"0"。

　　④"分解"选项:若该选项被选上,则AutoCAD在插入块的同时分解块对象。

提示、注意、技巧

　　本任务中表面粗糙度符号分别是 $\sqrt{Ra\,6.3}$ 和 $\sqrt{Ra\,12.5}$,可将插入的表面粗糙度符号 $\sqrt{Ra\,3.2}$ 分解后再进行修改。表面粗糙度"其余"符号可采用文字输入中的括号及对表面粗糙度符号分解后进行编辑来完成。

补充知识

1.带属性的块的创建方法及应用

　　用上述方法创建的块文件,在插入时块的内容是不变的,图中各加工表面的表面粗糙度不同,可以创建带属性的块来实现。

　　属性类似于商品的标签,包含了块所不能表达的其他各种文字信息,如材料、型号和制造者等,存储在属性中的信息一般称为属性值。当用BLOCK命令创建块时,将已定义的属性与图形一起生成块,这样块中就包含属性了。

属性是块中的文本对象,它是块的一个组成部分。属性从属于块,当利用"删除"命令删除块时,属性也随之被删除了。

属性有助于用户快速产生关于设计项目的信息报表,或者作为一些符号块的可变文字对象。属性也常用来预定义文本位置、内容或提供文本缺省值等,例如把标题栏中的一些文字项目定制成属性对象,就能方便地填写或修改。

下面通过表面粗糙度符号的创建,来说明带属性的块的创建方法及应用。

(1)定义块的属性

①新建一个文件,绘制表面粗糙度符号,如图5-22所示,具体尺寸见附录1中附图1-7和附表1-4。

图5-22　表面粗糙度符号(2)

②启动"定义属性"命令,方法如下:

> 功能区面板:<默认> <块> <定义属性>
> 下拉菜单:[绘图][块][定义属性]
> 命令行窗口:ATTDEF✓

执行"定义属性"命令后,系统弹出"属性定义"对话框,在"标记"文本框中输入"A",它主要用来标记属性,也可用来显示属性所在的位置。在"提示"文本框中输入"表面粗糙度值",它是插入块时命令行窗口显示的输入属性的提示。在"默认"文本框中输入"1.6",这是属性值的默认值,一般把最常出现的数值作为默认值。设置好的"属性定义"对话框如图5-23所示。

图5-23　设置好的"属性定义"对话框

③根据实际情况确定"文字设置"选项组的内容。

④单击"确定"按钮,"属性定义"对话框消失,选取表面粗糙度符号 *Ra* 右边一点来指定属性值所在的位置,表面粗糙度符号变为如图5-24所示的图形。

图5-24　属性标记

说明:

"属性定义"对话框的"模式"选项组中各选项的含义如下:

不可见:控制属性值在图形中的可见性。如果想使图中包含属性信息,但不想使其在图形中显示出来,就选中这个选项。

固定:选中该选项,属性值将为常量。

验证:设置是否对属性值进行校验。若选择此选项,则插入块并输入属性值后,Auto-CAD将再次给出提示,让用户校验输入值是否正确。

预设:该选项用于设定是否将实际属性值设置成默认值。若选中此选项,则插入块时,AutoCAD将不再提示用户输入新属性值,实际属性值等于"默认"文本框中的默认值。

锁定位置:锁定块参照中属性的位置。解锁后,属性可以相对于使用夹点编辑的块的其他部分移动,并且可以调整多行文字属性的大小。

多行:指定属性值可以包含多行文字。选择此选项后,可以指定属性的边界宽度。

(2)建立带属性的块

执行"创建块"命令,打开"块定义"对话框,该对话框的设置如图5-25所示。块的"基点"设在三角形的底端顶点处,"对象"选择为整个图形和属性。单击"确定"按钮,打开"编辑属性"对话框,可以进一步对块的属性值进行修改。单击"确定"按钮,一个有属性的块就生成了。

图5-25　"块定义"对话框的设置

(3)块的输出

在命令行窗口中输入WBLOCK(或W)命令后回车,打开"写块"对话框,在"目标"选项组内设置"文件名和路径"及"插入单位",将刚建好的带属性的块输出,以便在其他图形中使用。

（4）插入带属性的块

①打开需要插入表面粗糙度符号的图形文件。

②执行"插入块"命令，弹出"块"选项板，选择定义好的带属性的块进行插入。

2.带多个属性的块的创建方法

以标题栏为例，说明带多个属性的块的创建方法。

（1）画出标题框

标题框如图5-26所示，粗实线、细实线应设在不同的图层上。

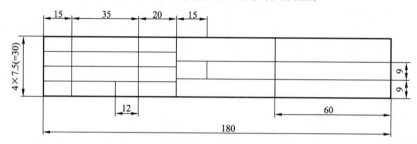

图5-26　标题框

（2）填充文字

先建一个"文本"层，设置线型为细实线。文本字体为"gbenor.shx"，并选择"使用大字体"复选框，大字体样式为"gbcbig.shx"，高度设为"0.0000"（这样在输入文字时，可根据需要设成不同的高度），利用"单行文字"命令，输入文字如图5-27所示。

设计				
校核			比例	
审核				
班级		学号	共　张　第　张	

图5-27　输入不带属性的部分

（3）指定属性

执行下拉菜单[绘图][块][定义属性]选项，系统打开"属性定义"对话框，用户可以指定属性标记、提示和默认值。在绘图区指定要插入属性的位置，标题栏变成如图5-28所示。

设计		（日期）	（材料）		（校名）
校核					
审核			比例	1:1	（图样名称）
班级		学号	共　张　第　张		（图样代号）

图5-28　带属性的标题栏

提示、注意、技巧

标记和提示的设定

例：标题栏中"（图样名称）"为标记，提示可写为"输入图样名称"。

(4)定义块并将其存为文件

执行"创建块"命令,选择整个图形和属性及块的插入点(取图形的右下角为插入点),单击"确定"按钮,一个有属性的块就做成了。

使用命令WBLOCK(W)将所定义的块保存为文件,以供其他文件使用,

3.有关块属性的编辑

(1)编辑属性定义

创建属性后,在属性定义与块相关联之前(只定义了属性但没定义块时),用户可对其进行编辑,方法如下:

> 下拉菜单:[修改][对象][文字][编辑]
>
> 命令行窗口:DDEDIT↙

执行上述任一操作后,AutoCAD提示"选择注释对象或[放弃(U)/模式(M)]:",选取属性定义标记,系统弹出"编辑属性定义"对话框,如图5-29所示。在此对话框中用户可修改属性定义的标记、提示及默认值。此外,启动"特性"选项板,可修改属性定义的更多项目。

图5-29　"编辑属性定义"对话框

(2)编辑块的属性

与插入到块中的其他对象不同,属性可以独立于块而单独进行编辑。用户可以集中地编辑一组属性,方法有如下几种:

①编辑属性值及属性的其他特性

> 功能区面板:<默认><块><单个>
>
> 下拉菜单:[修改][对象][属性][单个]

执行上述任一操作后,AutoCAD提示"选择块:",用户选择要编辑的块后,AutoCAD打开"增强属性编辑器"对话框,如图5-30所示,在此对话框中用户可对块属性进行编辑。

图5-30　"增强属性编辑器"对话框

149

②块属性管理器

用户通过"块属性管理器"对话框,可以有效地管理当前图形中所有块的属性,并能进行编辑。可用以下方法中的任意一种来启动"块属性管理器"对话框:

功能区面板:<默认><块><块属性管理器>

下拉菜单:[修改][对象][属性][块属性管理器]

命令行窗口:BATTMAN✓

执行上述任一操作后,系统弹出"块属性管理器"对话框,如图5-31所示。该对话框常用选项有如下功能:

图5-31 "块属性管理器"对话框

"选择块"按钮:通过此按钮选择要操作的块。单击该按钮,系统切换到绘图窗口,并提示"选择块:",用户选择块后,系统又返回"块属性管理器"对话框。

"块"下拉列表框:用户也可展开此下拉列表选择要操作的块。该下拉列表显示当前图形中所有具有属性的块名称。

"同步"按钮:用户修改某一属性定义后,单击此按钮,更新所有块对象中的属性定义。

"上移"按钮:在属性列表中选中一属性行,单击此按钮,则该属性行向上移动一行。

"下移"按钮:在属性列表中选中一属性行,单击此按钮,则该属性行向下移动一行。

"删除"按钮:删除属性列表中选中的属性定义。

"编辑"按钮:单击此按钮,打开"编辑属性"对话框,该对话框有"属性"、"文字选项"和"特性"三个选项卡。这些选项卡的功能与"增强属性编辑器"对话框中同名选项卡功能类似,这里不再讲述。

"设置"按钮:单击此按钮,打开"设置"对话框。在该对话框中,用户可以设置在"块属性管理器"对话框的属性列表中显示的那些内容。

3.有关插入文件

在绘制图形过程中,如果正在绘制的图形是前面已经绘制过的,可以通过"插入块"命令来插入已有的文件。

操作过程如下:

①执行"插入块"命令,打开"块"选项板。

②选择"库"选项卡。

③找到已存储的图形文件,将其插入到当前图形。

提示、注意、技巧

（1）插入图形文件之前，应对插入的图形设置插入点，可利用下拉菜单［绘图］［块］［基点］命令来完成。

（2）如果要对插入的图形进行修改，必须将它分解为各个组成部分，然后分别编辑。分解块的步骤如下：

①选择下拉菜单［修改］［分解］命令

②选择要分解的块。

③回车即可。

5.3　几何公差的标注

任务　绘制如图 5-32 所示的定位销轴零件图。

目的　通过绘制此图形，进一步掌握文字标注、尺寸标注、尺寸公差标注及块等知识，学习几何公差的标注方法。

图 5-32　定位销轴零件图

绘图步骤分解

1.打开样板图

打开前面建好的"A3样板图.dwt"文件,将当前文件另存为"图5-32"文件。

2.修改标题栏中的文字

双击要修改的文字,将零件名称和比例改为"定位销轴"和"5∶1"。

3.绘制图形

利用绘图和编辑命令按尺寸1∶1绘制图形。因图形采用5∶1比例,故按1∶1绘图后用"缩放"命令将图形放大5倍,调整至合适位置,如图5-33所示。

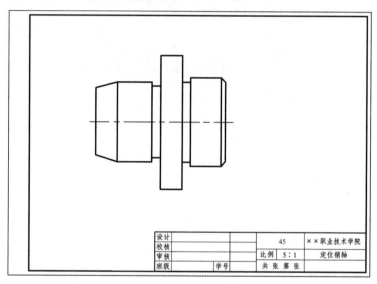

图5-33　绘制图形

3.标注尺寸

(1)修改标注样式

打开"标注样式管理器"对话框,对"A3样板图.dwt"中设置的"基本样式"进行修改,主要对"主单位"选项卡的内容重新设置,如图5-34所示。

①将"主单位"选项卡中线性标注的精度设为"0"。

②将比例因子设为"0.2",系统的测量值与此值的积显示为标注结果数值。此图采用5∶1的比例进行绘制,为了标注出实际尺寸,这里的比例因子应取0.2。

同理,对"非圆样式"和"公差样式"进行修改。其中"公差样式"中将上偏差修改为0.018。

(2)尺寸标注

①线性标注

将标注样式中的"基本样式"置为当前,输入"线性标注"命令。

图5-34　修改"标注样式"

●标注尺寸2×φ16

输入"线性标注"命令，AutoCAD提示：

命令：_dimlinear

指定第一条尺寸界线原点或<选择对象>：**捕捉交点**　　//指定第一条尺寸界线原点

指定第二条尺寸界线原点：**捕捉交点**　　　　　//指定第二条尺寸界线原点

指定尺寸线位置或[多行文字(M)/文字(T)/角度(A)/水平(H)/垂直(V)/旋转(R)]：M✓

　　　　//出现多行文字格式编辑器，在选中的"2"字样后输入"×%%c16"，其中"%%c"

　　　　会自动变为"φ"，单击"确定"按钮，然后放置尺寸线位置

指定尺寸线位置或[多行文字(M)/文字(T)/角度(A)/水平(H)/垂直(V)/旋转(R)]：**单击**

一点　　　　　　　　　　　　　　　　//指定尺寸线位置

尺寸数字位置如果不合适，可使用"编辑标注文字"命令移动标注文字。

●标注尺寸2×φ18

标注方法与标注尺寸2×φ16基本相同，但此处选择"文字(T)"选项输入文字。

输入"线性标注"命令，AutoCAD提示：

命令：_dimlinear

指定第一条尺寸界线原点或<选择对象>：**捕捉交点**　　//指定第一条尺寸界线原点

指定第二条尺寸界线原点：**捕捉交点**　　　　　//指定第二条尺寸界线原点

指定尺寸线位置或[多行文字(M)/文字(T)/角度(A)/水平(H)/垂直(V)/旋转(R)]：T✓

输入标注文字<2>：**2×%%c18**✓

指定尺寸线位置或[多行文字(M)/文字(T)/角度(A)/水平(H)/垂直(V)/旋转(R)]：**单击**

一点　　　　　　　　　　　　　　　　//指定尺寸线位置

●标注尺寸φ15和φ30

将"非圆样式"置为当前,标注尺寸φ15和φ30。

②连续标注

连续标注用于多段尺寸串联,尺寸线在一条直线上放置的标注。要创建连续标注,必须先选择一个线性或角度标注作为基准标注。每个连续标注都从前一个标注的第二条尺寸界线处开始。

●标注尺寸10(左侧)

将"基本样式"置为当前,输入"线性标注"命令进行标注。

●标注尺寸5和10(右侧)

输入"连续标注"命令,可采用下述方法中的任意一种:

```
功能区面板:<注释> <标注> <连续>
下拉菜单:[标注][连续]
命令行窗口:DIMCONTINUE↙
```

AutoCAD提示:

命令:_dimcontinue

指定第二条尺寸界线原点或[放弃(U)/选择(S)] <选择>:**捕捉交点**　　　//标注尺寸5

标注文字=5

指定第二条尺寸界线原点或[放弃(U)/选择(S)] <选择>:**捕捉交点**　　　//标注尺寸10

标注文字=10

指定第二条尺寸界线原点或[放弃(U)/选择(S)] <选择>:↙

选择连续标注:↙　　　　　　　　　　　　　　　　　　　　//结束命令

注意:此处标注的尺寸5和10与上步刚标注的尺寸10连续,若标注的尺寸不与最新标注的线性尺寸连续,则执行"选择(S)"选项,选择想要与之连续的尺寸。

③基线标注

使用基线标注可以创建一系列由相同的标注原点测量出来的标注。要创建基线标注,必须先创建(或选择)一个线性或角度标注作为基准标注。AutoCAD将从基准标注的第一条尺寸界线处测量基线标注。

●标注尺寸30

输入"基线标注"命令,可采用下述方法中的任意一种:

```
功能区面板:<注释> <标注> <基线>
下拉菜单:[标注][基线]
命令行窗口:DIMBASELINE↙
```

AutoCAD 提示：

命令：_dimbaseline

指定第二条尺寸界线原点或[放弃(U)/选择(S)]<选择>：↙

选择基准标注：**拾取尺寸界线**　　　　　//拾取右侧尺寸10的右侧尺寸界线为基线标注原点1

指定第二条尺寸界线原点或[放弃(U)/选择(S)]<选择>：**捕捉交点**

　　　　　　//选择图5-35所示的左下点为尺寸界线原点2

标注文字 = 30

指定第二条尺寸界线原点或[放弃(U)/选择(S)]<选择>：↙

选择基准标注：↙

结束标注，结果如图5-35所示。

图5-35　尺寸标注

④引线标注

图中倒角C1的标注可用引线标注完成。

⑤尺寸公差标注

将"公差样式"置为当前，利用"线性标注"命令标注尺寸 $\phi18^{+0.018}_{0}$ 和 $\phi20^{+0.018}_{0}$。

4.几何公差标注

输入"公差"命令，可采用下述方法中的任意一种：

```
功能区面板:<注释> <标注> <公差>
下拉菜单:[标注][公差]
```

执行上述命令后，系统弹出"形位公差"对话框，单击"符号"框，打开"特征符号"对话框，在"特征符号"对话框中选择几何公差符号▬，在"公差1"文本框中输入几何公差值0.02，在"基准1"文本框中输入字母A，如图5-36所示。

图 5-36　设置"垂直度"公差

当公差值前面有φ时,应该将"形位公差"对话框中"公差"选项中公差值前面的"黑色框"选上。如标注同轴度公差时,可进行如图 5-37 所示设置。

图 5-37　设置"同轴度"公差

标注结果如图 5-38 所示。

图 5-38　倒角、尺寸公差和几何公差标注

提示、注意、技巧

　　(1)几何公差标注中的指引线可用前面学过的知识绘制,也可借用尺寸标注中的箭头,方法是将其中一个尺寸分解,将其中的箭头进行复制、粘贴即可。

　　(2)基准符号可以用前面所学的绘图知识绘制完成,也可以将这样常用的符号做成块,使用时插入进来即可。

5.标注表面粗糙度

将本章5.2节任务中建好的"带属性的表面粗糙度"块插入进来即可。

6.书写技术要求

输入多行文字,书写技术要求。

7.保存文件

单击"保存"按钮,选择合适的位置,以"图5-32"为名保存。

5.4 设计中心

任务 绘制如图5-39所示的支座的三视图,并标注尺寸。

目的 通过绘制此图形,学习设计中心的应用。

图5-39 支座三视图

绘图步骤分解

1.新建文件

新建一张图纸,绘图单位选择"公制",根据该图形的尺寸,图纸区域取系统的默认值A3 (420×297),以"图5-39"为文件名保存。

2.利用设计中心创建图层、文字样式及尺寸样式

(1)可采用以下方法中的任意一种调用"设计中心"命令：

> 功能区面板：<视图> <选项板> <设计中心>
> 下拉菜单：[工具][选项板][设计中心]
> 命令行窗口："Ctrl +2"组合键

(2)执行上述操作，打开"设计中心"选项板（简称设计中心），找到"5.1.dwg"文件，如图5-40所示。

图5-40 "设计中心"选项板

(3)将图层添加到新文件"图5-39"中，在右侧内容区内双击"图层"按钮，打开图层后选择要用的图层，单击鼠标右键出现快捷菜单，如图5-41所示，单击"添加图层"选项，被选中的图层便被添加到"图5-39"文件的图层中。也可以在设计中心的内容区中直接双击指定的项目，或将指定的项目拖到绘图区中，均可完成"图层"的添加。

图5-41 添加图层

展开"图5-39"文件中的"图层"下拉列表，可以看到添加后的图层。

(4)用同样方法，可以把文字样式、标注样式等外部设置调入到新文件中。

3.绘制图形

利用前面所学知识,绘制零件的视图。

4.标注尺寸

利用前面所学知识,标注零件的尺寸。
完成零件视图的绘制,保存文件。

补充知识

1.设计中心的作用

AutoCAD设计中心(AutoCAD Design Center,简称ADC)是AutoCAD中一个非常有用的工具。它有着类似于Windows资源管理器的界面,可管理块、外部参照、光栅图像以及来自其他源文件或应用程序的内容,将位于本地计算机、局域网或因特网上的块、图层、外部参照和用户自定义的图形内容复制并粘贴到当前绘图区中。同时,如果在绘图区打开多个文档,在多个文档之间也可以通过简单的拖放操作来实现图形的复制和粘贴。粘贴内容除了包含图形本身外,还包含图层定义、线型、字体等内容。这样,资源可得到再利用和共享,提高了图形管理和图形设计的效率。

通常使用AutoCAD设计中心可以完成如下工作:

(1)浏览和查看各种图形文件,并可显示预览图形及其说明文字。

(2)查看图形文件中命名对象的定义,将其插入、附着、复制和粘贴到当前图形中。

(3)将图形文件(.dwg)从内容区拖放到绘图区域中,即可打开图形;而将光栅文件从内容区拖放到绘图区域中,则可查看和附着光栅图像。

(4)在本地和网络驱动器上查找图形文件,并可创建指向常用图形、文件夹和Internet地址的快捷方式。

2.设计中心的界面

"设计中心"选项板由六个主要部分组成:工具栏、选项卡、内容区、树状视图、预览视图及说明视图,如图5-42所示。简单说明如下:

图5-42　"设计中心"选项板组成

（1）"工具栏"中常用按钮的含义

①"树状图切换"按钮 :可关闭或打开树状视图。

②"预览"按钮 :可关闭或打开预览视图。

③"说明"按钮 :可关闭或打开说明视图。

（2）各"选项卡"的含义

①"文件夹"选项卡:将以树状视图形式显示当前的文件夹。

②"打开的图形"选项卡:单击该选项卡后,可以显示AutoCAD设计中心当前打开的图形文件。

③"历史记录"选项卡:单击该选项卡后,可以显示最近访问过的20个图形文件。

（3）树状视图

显示本地和网络驱动器上打开的图形、自定义内容、历史记录和文件夹。

（4）内容区

显示树状视图上选定层次结构中项目的内容。

（5）预览视图

显示选定项目的预览图像。如果该项目没有保存预览图像,则为空。

（6）说明视图

显示选定项目的文字说明。

3.使用设计中心查看内容

（1）树状视图

前已述及,树状视图显示本地和网络驱动器上打开的图形、自定义内容、历史记录和文件夹等内容。其显示方式与Windows系统的资源管理器类似,为层次结构方式。双击层次结构中的某个项目,可以显示其下一层次的内容。对于具有子层次的项目,则可单击该项目左侧的加号"+"或减号"–"来显示或隐藏其子层次。

（2）内容区

用户在树状视图中浏览文件、块和自定义内容时,内容区中将显示打开图形和其他源文件中的内容。例如,如果在树状视图中选择了一个图形文件,则内容区中显示表示图层、块、外部参照和其他图形内容的图标。如果在树状视图中选择图形的图层图标,则内容区中将显示图形中各个图层的图标。用户也可以在Windows资源管理器中直接将需要查看的内容拖放到内容区上来显示其内容。

用户可在内容区上单击鼠标右键,在弹出的快捷菜单中选择"刷新"选项,对树状视图和内容区中显示的内容进行刷新,以反映其最新的变化。

（3）预览视图和说明视图

预览视图和说明视图将分别显示其预览图像和说明文字。

用户可通过树状视图、内容区、预览视图及说明视图之间的分隔栏来调整其相对大小。

4.使用设计中心进行查找

（1）查找

利用AutoCAD设计中心的查找功能,可以根据指定条件和范围来搜索图形和其他内容(如块和图层的定义等)。

单击工具栏中的"查找"按钮,或在内容区上单击鼠标右键,在弹出的快捷菜单中选择"搜索"选项,可弹出"搜索"对话框。

①在该对话框的"搜索"下拉列表中给出了该对话框可查找的对象类型。

②在"于"下拉列表中显示了当前的搜索路径。

③完成对搜索条件的设置后,用户可单击"立即搜索"按钮进行搜索,并可在搜索过程中随时单击"停止"按钮来中断搜索操作。如果用户单击"新搜索"按钮,则将清除之前设置的搜索条件并重新设置。

④如果查找到符合条件的项目,则将显示在对话框下部的搜索结果列表中。用户可通过如下方式将其加载到内容区中:

● 直接双击指定的项目。

● 将指定的项目拖到内容区中。

● 在指定的项目上单击鼠标右键,在弹出的快捷菜单中选择"加载到内容区中"选项。

(2)使用收藏夹

AutoCAD系统在安装时,自动在Windows系统收藏夹中创建一个名为"Autodesk"的子文件夹,并将该文件夹作为AutoCAD系统收藏夹。在AutoCAD设计中心中可将常用内容的快捷方式保存到该收藏夹中,以便在下次调用时进行快速查找。

如果选定了图形、文件或其他类型的内容,并单击鼠标右键,在弹出的快捷菜单中选择"添加到收藏夹"选项,就会在收藏夹中为其创建一个相应的快捷方式。用户可通过如下方式来访问收藏夹,查找所需内容:

①选择工具栏中的"搜藏夹"按钮。

②在树状视图中选择Windows系统收藏夹中的"Autodesk"子文件夹。

③在内容区上单击鼠标右键,在弹出的快捷菜单中选择"收藏夹"选项。

如果用户在内容区上单击鼠标右键,在弹出的快捷菜单中选择"组织收藏夹"选项,将弹出"Windows资源管理器"窗口,并显示AutoCAD的收藏夹内容,用户可对其中的快捷方式进行移动、复制和删除等操作。

5.使用设计中心编辑图形

通过AutoCAD设计中心,可以将内容区或"搜索"对话框中的内容添加到打开的图形中。根据指定内容类型的不同,其插入的方式也不同。

(1)插入块

在AutoCAD设计中心中可以使用两种不同方法插入块:

①将要插入的块直接拖放到当前图形中。这种方法通过自动缩放比较图形和块使用的单位,根据两者之间的比率来确定缩放块的比例。在块定义中已经设置了其插入时所使用的单位,而在当前图形中则通过"图形单位"对话框来设定从设计中心插入的块的单位,在插入时系统将对这两个值进行比较并自动进行比例缩放。

②在要插入的块上单击鼠标右键,弹出快捷菜单,选择"插入为块"选项。这种方法可按指定坐标、缩放比例和旋转角度插入块。

(2)附着光栅图像

可使用如下方式来附着光栅图像:

①将要附着的光栅图像文件拖放到当前图形中。

②在图形文件上单击鼠标右键,弹出快捷菜单,选择"附着图像"选项。

（3）附着外部参照

将图形文件中的外部参照对象附着到当前图形文件中的方式如下:

①将要附着的外部参照对象拖放到当前图形中。

②在图形文件上单击鼠标右键,弹出快捷菜单,选择"附着外部参照"选项。

（4）插入图形文件

对于AutoCAD设计中心的图形文件,如果将其直接拖放到当前图形中,则系统将其作为块对象来处理。如果在该文件上单击鼠标右键,则有以下两种选择:

①选择"作为块插入"选项,可将其作为块插入到当前图形中。

②选择"作为外部参照附着"选项,可将其作为外部参照附着到当前图形中。

（5）插入其他内容

与块和图形一样,也可以将图层、线型、标注样式、文字样式、布局和自定义内容添加到打开的图形中,其添加方式相同。

（6）利用剪贴板插入对象

对于可添加到当前图形中的各种类型的对象,用户也可以将其从AutoCAD设计中心复制到剪贴板,然后粘贴到当前图形中。

具体方法为:选择要复制的对象,单击鼠标右键,在弹出的快捷菜单中选择"复制"选项。

习　题

一、基础题

1.注写下列文字。

技术要求

（1）齿轮安装后,用手转动传动齿轮时,应灵活旋转。

（2）两齿轮轮齿的啮合面应占齿长的3/4以上。

2.输入下列文字和符号:

37 ℃　　　　　36±0.07　　　　　ϕ60H7/f6

3.插入下列符号:

¥　　　　$　　　　#　　　　§　　　　&

4.绘制如图5-43所示轴零件图并标注尺寸与公差。

图5-43　轴零件图

5.绘制如图5-44所示图形并标注尺寸,将表面粗糙度符号设成带属性的块,插入到图形中。

图5-44　千斤顶底座零件图

163

6.绘制如图 5-45 所示的阀盖零件图。

技术要求

未注明铸造圆角为 R3。

$\sqrt{Ra\,12.5}$ $\left(\sqrt{\ }\right)$

设计		ZL102	××学校
校核		比例	1:1	阀 盖
审核				
班级	学号	共 张 第 张	

图 5-45 阀盖零件图

7.利用建立的 A3 样板图,绘制如图 5-46 所示的手柄零件图。

图5-46 手柄零件图

二、拓展题

1.绘制如图5-47所示的曲柄零件图并标注尺寸与公差。

图5-47 曲柄零件图

2.绘制如图5-48所示的箱体零件图。

3.利用AutoCAD设计中心绘制如图5-49所示的轴承座零件图。

图 5-48　箱体零件图

技术要求

1. 未注圆角半径为 R2。
2. 外表面清理干净。

图 5-49 轴承座零件图

第6章

绘制装配图

本章要点

　　机械工程图样是生产实际中机器制造、检测与安装的重要依据。本章综合运用前面所学知识,详细介绍机械图样中零件图和装配图的绘制方法,旨在使用户绘图的技能得到进一步的训练,掌握更多的实用技巧。

素养提升

　　2021年10月16日,神州十三号载人飞船与天宫空间站完成自主快速交会对接,三名航天员成功进驻中国空间站和核心舱,开启中国空间站有人长期驻留时代。我国航天人六十多年来脚踏实地、锲而不舍、自强不息的伟大精神令我们骄傲,值得我们学习。培养学生爱国主义情操和勇于探索的科学精神,使学生具备独立、自尊的人格品质,树立献身祖国的远大理想。

　　读后感:＿＿＿＿＿＿＿＿＿＿＿＿＿＿＿＿＿＿＿＿＿

＿＿＿＿＿＿＿＿＿＿＿＿＿＿＿＿＿＿＿＿＿＿＿＿＿＿＿＿＿＿＿

＿＿＿＿＿＿＿＿＿＿＿＿＿＿＿＿＿＿＿＿＿＿＿＿＿＿＿＿＿＿＿

＿＿＿＿＿＿＿＿＿＿＿＿＿＿＿＿＿＿＿＿＿＿＿＿

＿＿＿＿＿＿＿＿＿＿＿＿＿＿＿＿＿＿＿＿＿＿＿＿　延伸阅读

6.1 绘制夹线体各零件图及装配图

任务 绘制图6-1所示夹线体各零件的零件图(形体表达及尺寸标注),并由零件图绘制装配图,如图6-2所示。标题栏及明细表如图6-3所示。(标题栏尺寸如图5-8所示,明细栏尺寸见附录1中附图1-6)

目的 通过绘制此图形,进一步掌握零件图的绘制方法,并学习由零件图组装装配图的方法。

盘座

衬套

图6-1 夹线体各零件的零件图

169

手动压套

夹套

图6-1 夹线体各零件的零件图(续)

图6-2 装配图

4	B321-0-4	盘座		1	
3	B321-0-3	衬套		1	
2	B321-0-2	夹套		1	
1	B321-0-1	手动压套		1	
序号	代号	名称		数量	备注
设计	××	241102			×× 职业技术学院
校核	××	241103			
审核	××	241112	比例	2:1	夹 线 体
班级		学号	共 张 第 张		B321-0

图6-3 标题栏及明细表

绘图步骤分解

1.绘制各零件图

利用前面所学知识绘制各零件的零件图,分别以"手动压套"、"盘座"、"夹套"、"衬套"命名保存。

绘制夹线体的装配图

2.将各零件分别存为"块"

(1)修改"手动压套"零件图并设置基点

打开前面保存的"手动压套"文件,考虑装配图的表达方式,将半剖视图修改为局部剖视图,图形变成图6-4所示。

图6-4　局部剖的手动压套零件图

设置"手动压套"上的基点:选择下拉菜单[绘图][块][基点]选项,捕捉如图6-4所示左端中点 A,则 A 点作为以后绘制装配图时的插入点。文件另存为"手动压套0"。

(2)修改"夹套"零件图并设置基点

打开前面保存的"夹套"文件,考虑装配图的表达方式,将半剖视图修改为全剖视图,图形变成图6-5所示。

图6-5　夹套的零件

设置"夹套"上的基点:设置如图6-5所示右端中点 B 作为夹套的基点。文件另存为"夹套0"。

(3)打开"衬套"零件图并设置基点

打开前面保存的"衬套"文件,视图不做修改。

设置"衬套"上的基点:设置如图6-6所示右端中点 C 作为衬套的基点。文件另存为"衬套0"。

图6-6　衬套的零件图

(4)打开"盘座"零件图并设置基点

打开前面保存的"盘座"文件,视图不做修改。

设置"盘座"上的基点:设置如图6-7所示左端中点 D 作为盘座的基点。文件另存为"盘座0"。

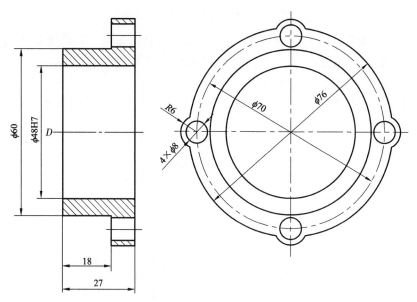

图6-7　盘座的零件图

3. 调用样板图、绘制标题栏及明细栏

(1)调用样板图

新建图形文件,在弹出的"创建新图形"对话框中单击"使用样板"按钮。选择文件"A3

样板图.dwt",打开样板图。

（2）绘制标题栏及明细栏

对样板图中的标题栏进行修改,并绘制和填写明细栏,结果如图6-8所示。

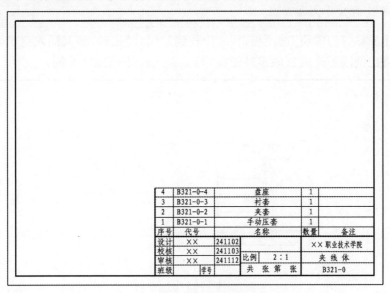

4	B321-0-4			盘座		1	
3	B321-0-3			衬套		1	
2	B321-0-2			夹套		1	
1	B321-0-1			手动压套		1	
序号	代号			名称		数量	备注
设计	××	241102				×× 职业技术学院	
校核	××	241103					
审核	××	241112	比例	2：1		夹线体	
班级		学号		共 张 第 张		B321-0	

图6-8　标题栏及明细栏

注意：标题栏、明细栏尺寸按国家制图标准绘制。

4.冻结图层中的"标注"层

冻结图层中的"标注"层,使图中的尺寸标注不显示,便于装配图绘制。

冻结图层方法:在"图层特性管理器"选项板中单击"冻结/解冻"特征图标,使其变为雪花状,则图层被冻结,图层上的内容全部隐藏。

提示、注意、技巧

"图层特性管理器"对话框中有关特征图标的含义及应用:

（1）打开/关闭 🔆 / 🔅 :图层打开时,可显示和编辑图层上的内容;图层关闭时,图层上的内容全部隐藏,但仍然参加图形的运算,可进行编辑和打印输出。

（2）冻结/解冻 ❄ / 🔆 :冻结图层时,图层上的内容全部隐藏,且不可被编辑或打印,从而减少复杂图形的重新生成时间。

（3）锁定/解锁 🔒 / 🔓 :锁定图层时,图层上的内容仍然可见,并且能够捕捉或添加新对象,但不能被编辑。默认情况下,图层是解锁的。

注意：当前层可以被关闭和锁定,但不能被冻结。

5.把零件图组装成装配图

将各个零件分别插入,并将其组装在一起,使其符合装配关系。

（1）插入"夹套0"文件

> 功能区面板：<默认> <块> <插入> <库中的块>
> 下拉菜单：[插入][块选项板]

执行上述操作,打开"块"选项板,在库中找到"夹套0"文件,将其插入到当前文件中,如图6-9所示,将比例因子改成2(原零件图按1:1绘制,装配图按2:1绘制)。

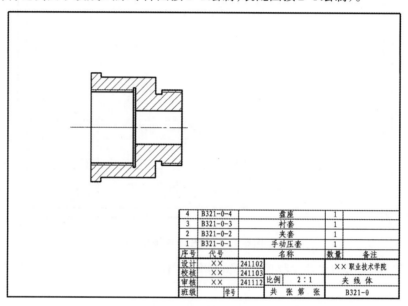

4	B321-0-4		盘座	1	
3	B321-0-3		衬套	1	
2	B321-0-2		夹套	1	
1	B321-0-1		手动压套	1	
序号	代号		名称	数量	备注
设计	××	241102			××职业技术学院
校核	××	241103			
审核	××	241112	比例	2:1	夹 线 体
班级		学号	共 张 第 张		B321-0

图6-9　插入"夹套0"文件

（2）插入"衬套0"文件并编辑图形

用同样方法插入"衬套0"文件,如图6-10所示。然后分解"夹套0"和"衬套0"零件图形并对其进行编辑,使其满足装配图的要求,如图6-11所示。

端点

图6-10　插入"衬套0"文件

图6-11 编辑图形1

(3)插入"手动压套0"文件并进行编辑,结果如图6-12所示。

注意:插入时,手动压套最左端与夹套最右端距离为160 mm。另外应注意螺纹及剖面线的画法。

图6-12 编辑图形2

(4)插入"盘座0"文件并按投影关系编辑主、左视图,结果如图6-13所示。

4	B321-0-4		盘座		1	
3	B321-0-3		衬套		1	
2	B321-0-2		夹套		1	
1	B321-0-1		手动压套		1	
序号	代号		名称		数量	备注
设计	××	241102			×× 职业技术学院	
校核	××	241103				
审核	××	241112	比例	2:1	夹 线 体	
班级		学号	共 张 第 张		B321-0	

图6-13 图形编辑完成

6.标注尺寸

(1)新建装配图标注层

新建一个标注层,并将其置为当前。

(2)修改样板图中的标注样式

①对"基本样式"进行修改,用来标注装配图中尺寸80及直径为76的圆的尺寸

●打开"新建标注样式"对话框,在"主单位"选项卡中将"测量单位比例"选项组中的"比例因子"改为"0.5",因为此图的绘图比例为2:1,标注时应标注实际尺寸。

●在"文字"选项卡中,"文字高度"设置应是正常标注高度的两倍,否则显示的文字会太小。在此处"文字高度"可设成"10"。

②对"非圆样式"进行修改,用来标注装配图中直径为26的尺寸

与"基本样式"修改方法相同,打开"新建标注样式"对话框,在"主单位"选项卡中将"测量单位比例"选项组中的"比例因子"改为"0.5"。在"文字"选项卡中将"文字高度"设成"10"。

③4个直径为8的圆的尺寸标注

此标注方法有很多种,在此选其中两种介绍如下:

●在"基本样式"或"非圆样式"下,单击刚刚标注的尺寸,利用右键快捷菜单打开"特性"选项板,如图6-14所示,在"文字替代"栏中输入4×%%C8。

图6-14   利用"特性"选项板修改尺寸标注

●在"基本样式"或"非圆样式"下,双击刚刚标注的尺寸,打开文字格式编辑器,要修改的文字变为可编辑状态,此时可对其进行修改。

④螺纹和配合的尺寸标注

利用在标注样式中填加"前缀"和"后缀"或在"特性"选项板中"文字替代"的方法,可标注出螺纹的尺寸和配合的尺寸。

7.标注零件的序号

(1)设置多重引线样式

多重引线样式的设置,在第4章标注倒角时使用过,此处设置有些不同,简单介绍如下:

调用"多重引线样式"命令:

功能区面板:<默认> <注释> <多重引线样式>
下拉菜单:[格式][多重引线样式]
命令行窗口:MLEADERSTYLE↙

执行上述操作后,打开"多重引线样式管理器"对话框,单击"新建"按钮,打开"创建新多重引线样式"对话框,命名新样式名为"零件序号",单击"继续"按钮,打开"修改多重引线样式"对话框,对"引线格式"和"内容"选项卡进行设置,如图6-15和图6-16所示。单击"确定"按钮,回到"多重引线样式管理器"对话框,将刚建立的"零件序号"样式置为当前,关闭"多重引线样式管理器"对话框。

图6-15 "引线格式"选项卡设置

图6-16 "内容"选项卡设置

177

(2)标注零件序号

调用"引线"命令：

功能区面板命令：<默认> <注释> <引线>
下拉菜单：[标注][多重引线]
命令行窗口：MLEADER↙

执行上述操作后，在"指定引线箭头的位置或［预输入文字(T)/引线基线优先(L)/内容优先(C)/选项(O)]<选项>："提示下，在"手动压套"图形内确定一点。在"指定引线基线的位置："提示下，在图形外零件序号1的位置单击确定。系统提示"覆盖默认文字［是(Y)/否(N)]<否>"，直接回车，选择不覆盖"内容"选项卡设置的默认文字"1"。结果如图6-17所示。

图6-17　标注零件序号

可用上述相同的方法标注出序号2、3和4。或者将刚建立的引线1复制3个(打开正交模式，保证1、2、3和4在一条水平线上)，基点为数字1所在的位置；然后双击刚复制的数字1，分别修改为2、3和4，最后将刚复制的引线的"点"所在位置分别移动到"夹套"、"衬套"及"盘座"所在的图形区域，如图6-2所示。

至此，图形绘制完成。

绘制钳体各零件图及装配图

任务 绘制图6-18、图6-19、图6-20所示零件图及图6-21所示钳体装配图。

目的 通过完成本任务,掌握零件图的绘制方法、由零件图组装装配图的方法,并进一步学习带属性块的创建方法与应用。

图6-18 滑块零件图(A4图幅)

图 6-19　螺杆零件图(A4 图幅)

图 6-20　钳座零件图(A3 图幅)

4		20241011	圆柱销4×45	2	GB/T 119.2
3		20241013	螺杆	1	
2		20241015	滑块	1	
1			钳座	1	
序号	代号		名称	数量	备注
设计	××		比例		××职业技术学院
校核	××		1:1		
审核	××		共 张 第 张		钳体
班级	学号				B123—1

图6-21 钳体装配图（A3图幅）

绘图步骤分解

1.绘制零件图

绘制图6-18、图6-19及图6-20所示零件图,分别以"滑块"、"螺杆"、"钳座"命名保存。

（1）图形的绘制及尺寸标注参考前面各章内容。注意块、样板图及设计中心的应用。

（2）保存文件前应设置好基点。

设置滑块上的基点:选择下拉菜单[绘图][块][基点]选项,捕捉如图6-22所示 *A* 点,则 *A* 点作为以后绘制装配图时的插入点。

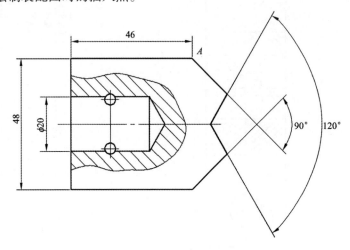

图6-22　滑块基点的设置

同理设置螺杆基点,如图6-23中 *B* 点。

图6-23　螺杆基点的设置

2.绘制钳体装配图

（1）打开"钳座"文件

打开前面保存的"钳座"文件,冻结标注层,删除左视图及局部视图,并修改标题栏、绘制明细栏。图形变成图6-24所示。文件另存为"钳体"。

（2）插入"滑块"文件

①插入滑块:将滑块插入到钳座零件图中,将基点捕捉到钳座零件图上的相应点,如图6-25所示。

图6-24　钳座两视图

图6-25　插入滑块

②编辑滑块：将其绕基点旋转90°。分解滑块，将滑块俯视图移到钳座俯视图相应位置，如图6-26所示。

图6-26　编辑滑块

③修改装配体图形:滑块插入后,俯视图按剖视进行修改(剖切位置在内销孔处)。

●由于俯视图是在销孔处剖切得到的全剖视图,所以俯视图中原螺纹的投影不存在,将其删除。

●填充钳座俯视图中的剖面线。输入"图案填充"命令,绘制钳座俯视图中剖面线,再利用"特性匹配"命令,使钳座俯视图中剖面线与其主视图中的剖面线相同。

●更改滑块剖面线的方向,使其与钳座剖面线方向相反。方法如下:

更改主视图中滑块剖面线方向:选择主视图中滑块剖面线,单击鼠标右键,在打开的快捷菜单中选择"图案填充编辑"选项,如图6-27所示。打开"图案填充编辑"对话框,将"角度"选项改为90°,则主视图中滑块的剖面线旋转90°。

更改俯视图中滑块剖面线方向:利用"特性匹配"命令,使滑块俯视图中的剖面线与其主视图中的剖面线相同,如图6-28所示。

图6-27　更改滑块主视图的剖面线方向

图6-28　编辑后装配体的图形

(3)插入"螺杆"文件

①插入螺杆:使用插入滑块的方法进行操作。将基点捕捉到滑块主视图上销孔圆心点,

如图6-29所示。

②编辑螺杆:此时螺杆作为一个整体存在。

●将螺杆绕基点旋转90°。

图6-29 插入螺杆

●分解螺杆,删除局部视图和局部放大图。

●更改螺杆主视图的剖面线间距(现在与滑块剖面线相同),方法如上所述,只是在"图案填充编辑"对话框中将"比例"改为0.6。

③编辑装配体

●利用"修剪""删除"等命令编辑装配体的主视图,如图6-30所示。

图6-30 编辑装配体主视图

●利用投影关系绘制俯视图所缺的图线。

●填充螺杆俯视图的剖面线。采用钳座俯视图剖面线的填充方法进行操作。

编辑之后装配体的俯视图如图6-31所示。

图6-31　编辑装配体俯视图

④绘制销。

绘制销后,主视图没有改变,俯视图变为如图6-32所示。

图6-32　绘制销

3.完成装配图的绘制

标注尺寸及零件序号,完成装配图的绘制,如图6-21所示。

习　题

一、基础题

绘制如图6-33所示的千斤顶装配图,组成装配体的各零件的零件图如图6-34所示。

二、拓展题

绘制如图6-35所示铣刀头装配图。

说明:铣刀头整个装配体包括15个零件。其中螺栓、轴承、挡圈等都是标准件,可根据规格、型号从用户建立的标准图形库调用或按国家标准绘制。轴零件图如图6-36所示,座体零件图如图6-37所示,其他零件图如图6-38所示。

7	顶 垫	1	Q275	
6	螺钉 M8×10	1	35	GB/T 65—2016
5	铁杆	1	35	
4	螺钉 M10×12	1	35	GB/T 70.3—2023
3	螺套	1	ZCuAl10Fe3	
2	螺杆	1	45	
1	底座	1	HT200	
序号	名　称	数量	材　料	备　注

千斤顶		班级		比例	1:1
		学号		图号	
制图			××职业技术学院		
审核					

图6-33　千斤顶装配图

图 6-34 千斤顶各零件的零件图

188

图 6-35 铣刀头装配图

15		挡圈 B32	1	35	GB/T 892-1986	5		键 8×40	1	45	GB/T 1096-2003
14		螺栓 M6×20	1	Q235A	GB/T 5782-2016	4		带轮 A型	1	HT150	
13		键 8×20	2	45	GB/T 1096-2003	3		销 A3×12	1	35	GB/T 119.1-2000
12		毡圈 35	2	半粗羊毛	JB/ZQ 4606-1997	2		螺钉 M6×20	1		GB/T 68-2016
11		端盖	2	HT200		1		挡圈 A35	1	35	GB/T 891-1986
10		调整环	1	35		序号		名 称	数量	材 料	备 注
9		轴承 30307	2		GB/T 297-2015			铣刀头			
8		座体	1	HT150		制图			比例		(校名、班级)
7		轴	1	45		审核			图号		
6		螺钉 M8×20	12	Q235A	GB/T 70.1-2008						

图 6-36　轴零件图

图 6-37　座体零件图

图6-38　铣刀头其他零件图

1	挡圈 A35	15	挡圈 B32	11	端盖
10	调整环		4		带轮

第7章

创建三维实体

本章要点

　　AutoCAD 2024提供了强大的三维绘图功能,利用三维建模,用户可以很方便地建立物体的三维模型。三维建模可以使用AutoCAD 2024提供的"三维建模"工作空间,本章将介绍 AutoCAD 2024三维建模创建实体的基本知识。

素养提升

　　中国是世界上机械发展最早的国家之一。中国古代在机械方面有许多发明创造,在动力的利用和机械结构的设计上都有自己的特色,如指南车、地动仪和计里鼓车等。通过了解计里鼓车,激发学生的学习兴趣与潜能,提升与丰富学生的创新思维,培养学生的实践创新能力,增强学生的民族自信心和自豪感。

　　读后感:＿＿＿＿＿＿＿＿＿＿＿＿＿＿＿＿＿＿＿＿＿＿＿＿＿

　　＿＿＿＿＿＿＿＿＿＿＿＿＿＿＿＿＿＿＿＿＿＿＿＿＿＿＿＿

　　＿＿＿＿＿＿＿＿＿＿＿＿＿＿＿＿＿＿＿＿＿＿＿＿＿＿＿＿

　　＿＿＿＿＿＿＿＿＿＿＿＿＿＿＿＿＿＿＿＿＿＿＿＿＿＿＿＿

　　＿＿＿＿＿＿＿＿＿＿＿＿＿＿＿＿＿＿＿＿＿

延伸阅读

7.1 三维建模基础

一、三维几何模型分类

在AutoCAD中,用户可以创建三种类型的三维模型:线框模型、表面模型及实体模型。这三种模型在计算机上的显示方式是相同的,即以线架结构显示出来,但用户可用特定命令使表面模型及实体模型的真实性表现出来。

1.线框模型

线框模型是一种轮廓模型,它是用线(3D空间的直线及曲线)表达三维立体,不包含面及体的信息。不能使该模型消隐或着色。又由于其不含有体的数据,用户也不能得到对象的质量、重心、体积、惯性矩等物理特性,不能进行布尔运算。图7-1显示了立体的线框模型,在消隐模式下也看到后面的线。线框模型结构简单,易于绘制。

2.表面模型

表面模型是用物体的表平面表示物体的。表面模型具有面及三维立体边界信息。表面不透明,能遮挡光线,因而表面模型可以被渲染及消隐。对于计算机辅助加工,用户还可以根据零件的表面模型形成完整的加工信息。但是不能进行布尔运算。如图7-2所示是两个表面模型的消隐效果,前面的薄片圆筒遮住了后面长方体的一部分。

图7-1　线框模型

图7-2　表面模型

3.实体模型

实体模型具有线、面、体的全部信息。对于此类模型,可以区分对象的内部及外部,可以对它进行打孔、切槽和添加材料等布尔运算,对实体装配进行干涉检查,分析模型的质量特性,如质心、体积和惯性矩。对于计算机辅助加工,用户还可利用实体模型的数据生成数控加工代码,进行数控刀具轨迹仿真加工等。如图7-3所示是实体模型。

图7-3　实体模型

实体建模是AutoCAD三维建模中比较重要的一部分。实体模型能够完整地描述对象的3D特征,并包含了线框模型和表面模型的各种功能,而且对复杂实体的创建比线框模型和表面模型更容易构造和编辑。

二、三维建模工作空间

AutoCAD 2024提供了"三维建模"工作空间,可以采用下面方法切换到"三维建模"工作空间:

> 下拉菜单:[工具][工作空间][三维建模]
> 状态栏:单击"切换工作空间"按钮⚙,在打开的"切换工作空间"菜单中选择"三维建模"选项

执行上述任一操作后,系统界面切换至"三维建模"工作空间,如图7-4所示。

图7-4　"三维建模"工作空间

三、三维坐标系

AutoCAD 提供了两种坐标系：一种是绘制二维图形时常用的坐标系，即世界坐标系（WCS），由系统默认提供；另一种是用户坐标系，为了方便创建三维模型，AutoCAD 允许用户根据自己的需要设定坐标系，即用户坐标系（UCS）。合理地创建 UCS，可使用户方便地创建三维实体。如图 7-5 所示为两种坐标系下的图标。

(a)世界坐标系

(b)用户坐标系

图 7-5　两种坐标系下的图标

缺省状态时，AutoCAD 的坐标系是世界坐标系。世界坐标系是唯一的、固定不变的，对于二维绘图，在大多数情况下，世界坐标系就能满足作图需要，但若是创建三维模型，就不太方便了，因为用户常常要在不同平面或是沿某个方向绘制结构。

四、视图

在绘制三维图形过程中，常常要从不同方向观察图形，AutoCAD 默认视图是 XY 平面，方向由 Z 轴的正方向观看，看不到物体的高度。AutoCAD 提供了多种观察三维视图的方法，便于从不同的方向观察模型。常用以下几种方法观察视图：

```
功能区面板：<常用> <视图> <恢复视图>
下拉菜单：[视图][三维视图]或[视图][动态观察]
导航栏："动态观察"按钮 或"自由动态观察"按钮
```

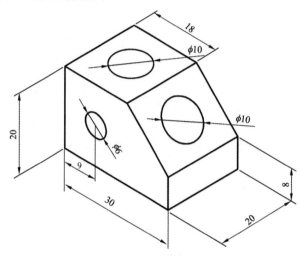

7.2 长方体、倒角边及用户坐标系

任务 绘制如图7-6所示的实体。

图7-6 三维实体

目的 通过绘制此实体,学习"长方体"、"倒角"命令及用户坐标系的使用方法。

绘图步骤分解

1.创建长方体

以下面方法之一调用"长方体"命令:

> 功能区面板:<常用> <建模> <长方体>
> 下拉菜单:[绘图][建模][长方体]
> 命令行窗口:BOX✓

AutoCAD提示:

命令:_box

指定第一个角点或[中心点(C)]:**在屏幕上任意点单击**

指定其他角点或[立方体(C)/长度(L)]:**L**✓   //选择给定长宽高模式

指定长度:**30**✓

指定宽度:**20**✓

指定高度或[两点(2P)]:**20**✓

绘制出长30、宽20、高20的长方体。单击功能区"常用"选项卡下"视图"面板上的"恢复视图"按钮,选择"东南等轴测"选项,将视点设为东南方向。单击"视图"面板上的"视觉样式"按钮,选择"隐藏"选项,图形如图7-7所示。

图7-7 创建长方体

改变"视觉样式"的方法：单击功能区"常用"选项卡下"视图"面板上"视觉样式"按钮，打开"视觉样式"选项框，如图7-8所示，从中选择所需要的视觉样式。

图7-8 "视觉样式"选项框

2.倒角

以下面方法之一调用"倒角边"命令：

```
功能区面板：<实体> <实体编辑> <倒角边>
下拉菜单：[修改][实体编辑][倒角边]
命令行窗口：CHAMFEREDGE✓
```

AutoCAD提示：

命令：_CHAMFEREDGE 距离 1 = 1.0000,距离 2 = 1.0000

选择一条边或 [环(L)/距离(D)]：**D**✓   //选择"距离(D)"选项

指定距离 1 或 [表达式(E)]<1.0000>：**12**✓   //输入距离值12

指定距离 2 或 [表达式(E)]<1.0000>：**12**✓   //输入距离值12

选择一条边或 [环(L)/距离(D)]：**在AB直线上单击**

选择同一个面上的其他边或 [环(L)/距离(D)]：✓   //回车结束选择

按 Enter 键接受倒角或 [距离(D)]：✓   //回车完成倒角

结果如图7-9所示。

3.绘制上表面圆

打开"对象捕捉"及"对象捕捉追踪"功能，调用"圆"命令，捕捉上表面的中心点，以5为半径绘制上表面的圆。结果如图7-10所示。

 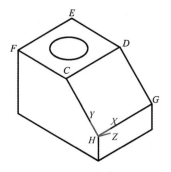

图7-9　长方体倒角　　　　　图7-10　绘制上表面圆及建立用户坐标系

4.三点法建立坐标系,绘制斜面上圆

(1)三点法建立用户坐标系

可用下面方法调用"三点法"建立用户坐标系：

功能区面板:<常用> <坐标> <三点>
下拉菜单:［工具］［新建UCS(W)］［三点］

AutoCAD提示：

命令：_ucs

当前 UCS 名称：*没有名称*

指定 UCS 的原点或［面(F)/命名(NA)/对象(OB)/上一个(P)/视图(V)/世界(W)/X/Y/Z/Z 轴(ZA)］<世界>：_3

指定新原点 <0,0,0>：**在 H 点上单击**

在正 X 轴范围上指定点 <1.0000,−30.0000,−12.0000>：**在 G 点单击**

在 UCS　XY 平面的正 Y 轴范围上指定点 <0.0000,−29.0000,−12.0000>：**在 C 点单击**

建立一个新的用户坐标系,如图7-10所示。

(2)绘制圆

方法同第3步,结果如图7-11所示。

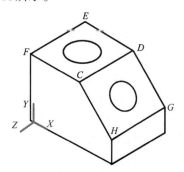

图7-11　绘制斜面上圆及建立用户坐标系

5.以所选实体表面建立UCS,在侧面上画圆

(1)选择实体表面建立UCS

可用下面方法利用实体表面建立用户坐标系:

功能区面板:<常用> <坐标> <面>
下拉菜单:[工具][新建UCS(W)][面]

AutoCAD提示:

命令行窗口:_UCS

当前UCS名称:*没有名称*

指定UCS的原点或［面(F)/命名(NA)/对象(OB)/上一个(P)/视图(V)/世界(W)/X/Y/Z/Z轴(ZA)］<世界>:_fa

选择实体面、曲面或网格:**在左侧面上接近底边处拾取实体表面**

输入选项［下一个(N)/X轴反向(X)/Y轴反向(Y)］<接受>:↙//接受图示结果

结果如图7-11所示。

(2)绘制圆

绘制左侧面圆,利用"直线""偏移"等命令作出辅助直线,确定圆心位置,完成图7-6所示图形。

7.3 球、差集、圆角边、用户坐标系、视觉样式及动态观察

任务 绘制如图7-12所示的物体。

图7-12　骰子

目的 通过绘制此物体,掌握用标准视点和三维动态观察器观察模型,使用"圆角"命令、布尔运算编辑三维实体。

绘图步骤分解

1.绘制正方体

(1)新建两个图层(功能区"常用"选项卡下"图层"面板上"图层特性"按钮)

图层名	颜色	线型	线宽
实体层	白色	Continuous	默认
辅助层	黄色	Continuous	默认

将"实体层"作为当前层。

在功能区"常用"选项卡下,单击"视图"面板上"东南等轴测"按钮,将视点设置为东南方向,并将"视觉样式"设置为"隐藏"。

(2)绘制正方体操作

调用"长方体"命令,AutoCAD提示:

命令:_box

指定第一个角点或［中心点(C)］:**在屏幕上任意点单击**

指定其他角点或［立方体(C)/长度(L)］:**C**✓   //绘制正方体

指定长度:**20**✓

结果如图7-13所示。

2.挖上表面的一点坑

(1)移动坐标系到上表面

可用下面方法移动用户坐标系:

> 功能区面板:<常用> <坐标> <原点>
>
> 下拉菜单:［工具］［新建UCS(W)］［原点］

指定正方体的左上角为新的坐标系原点,则坐标系移到正方体的左上角,如图7-14所示。

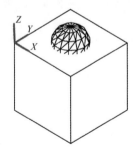

图7-13   正方体   图7-14   移动坐标系并绘制球体

(2)绘制球体

可用下面方法绘制球体:

> 功能区面板:<常用> <建模> <球体> 或<实体> <图元> <球体>
>
> 下拉菜单:［绘图］［建模］［球体］

AutoCAD提示:

命令:_sphere

指定中心点或［三点(3P)/两点(2P)/切点、切点、半径(T)］:**利用双向追踪捕捉上表面的中心**

指定半径或[直径(D)]:**5**↙

结果如图7-14所示。

(3)布尔运算

可用下面方法调用"差集"命令：

功能区面板:<常用> <实体编辑> <差集> 或<实体> <布尔值> <差集>

下拉菜单:[修改][实体编辑][差集]

AutoCAD提示:

命令: _subtract

选择要从中减去的实体、曲面和面域...

选择对象:**在正方体上单击** 找到 1 个

选择对象:↙   //结束被减去实体的选择

选择要减去的实体、曲面和面域...

选择对象:**在球体上单击** 找到 1 个

选择对象:↙   //完成差集运算

结果如图7-15所示("视觉样式"设置为"二维线框")。

3.在左侧面上挖两点坑

(1)旋转UCS

可用下面方法旋转用户坐标系：

功能区面板:<常用> <坐标> <X>

下拉菜单:[工具][新建UCS(W)][X]

AutoCAD提示:

命令: _ucs

当前 UCS 名称:*没有名称*

指定 UCS 的原点或 [面(F)/命名(NA)/对象(OB)/上一个(P)/视图(V)/世界(W)/X/Y/Z/Z 轴(ZA)] <世界>: _x

指定绕 X 轴的旋转角度 <90>:↙

执行上述操作后,坐标系绕X轴旋转90º,如图7-16所示。

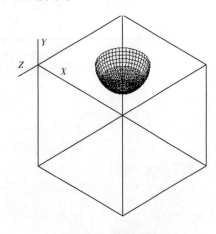

图7-15 挖一点坑   图7-16 旋转坐标系

（2）确定球心点

在"草图设置"对话框中选择"端点"和"节点"捕捉，并启用"对象捕捉"功能。

选择"辅助层"为当前层，调用"直线"命令，连接对角线。

选择下拉菜单［绘图］［点］［定数等分］命令，将辅助直线三等分。结果如图7-17（a）所示。

（3）绘制球及差集运算

捕捉辅助线上的节点为球心，以4为半径绘制两个球。

调用"差集"命令，以正方体为被减去的实体，两个球为减去的实体，进行差集运算，最后删除辅助线，结果如图7-17（b）所示。

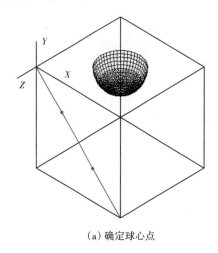

（a）确定球心点　　　　　　　　　　　（b）绘制球及差集运算

图7-17　挖两点坑

以同样的方法绘制前表面上半径为3的三点坑，并将"视觉样式"改为"真实"，如图7-18所示。

图7-18　挖三点坑并改变"视觉样式"

4.绘制底面上六点坑

（1）动态观察

单击"导航栏"中的"自由动态观察"按钮![]，激活三维动态观察器视图，屏幕上出现绿色圆圈,将光标移至圆圈内,当出现球形光标时按住鼠标左键向上拖动,使正方体的下表面转到上面全部可见位置。按 $\boxed{\text{Esc}}$ 键或 $\boxed{\text{Enter}}$ 键退出,或者单击鼠标右键,选择快捷菜单中"退出"选项。

(2)绘制六点坑

同创建两点坑一样,将上表面作为 XY 平面,建立用户坐标系,绘制作图辅助线,定出六个球心点(绘制辅助线过程中,可以关闭"实体层",如图7-19(a)所示),再绘制六个半径为2的球,然后进行差集运算。删除辅助作图线,结果如图7-19(b)所示。

（a）绘制作图辅助线　　　　　　　　　　（b）挖六点坑

图7-19　绘制六点坑

5.绘制四点坑和五点坑

用同样的方法,调整好视点,挖制另两面上的半径为3的四点坑和半径为2的五点坑,结果如图7-20所示。

图7-20　挖坑完成

6.各棱线圆角

(1)倒上表面圆角

可用下面方法倒圆角:

```
功能区面板:<实体> <实体编辑> <圆角边>
下拉菜单:[修改][实体编辑][圆角边]
```

AutoCAD提示：

命令：_FILLETEDGE

半径 = 1.0000

选择边或［链(C)/环(L)/半径(R)］：**R**✓

输入圆角半径或［表达式(E)］<1.0000>：**2**✓

选择边或［链(C)/环(L)/半径(R)］：   //在该提示下依次选择上表面四条棱线

选择边或［链(C)/环(L)/半径(R)］：

选择边或［链(C)/环(L)/半径(R)］：

选择边或［链(C)/环(L)/半径(R)］：

选择边或［链(C)/环(L)/半径(R)］：✓   //回车结束选择

已选定 4 个边用于圆角。

按 Enter 键接受圆角或［半径(R)］：✓   //回车完成上表面4个圆角

（2）倒下表面圆角

单击"导航栏"中的"自由动态观察"按钮 ，调整视图方向，使正方体的下表面转到上面四条棱线全可见位置。然后调用"圆角边"命令，选择此四条棱线，以半径为2倒圆角。

（3）倒侧面圆角

再次调用"圆角边"命令，同时启用"自由动态观察"功能，选择侧面的四条棱线，以半径为2倒圆角。

至此，图形绘制完成，如图7-12所示。

提示、注意、技巧

  这里倒圆角时不可以为12条棱线一次倒圆角，因为AutoCAD内部要为倒圆角计算，若这样选择，则会发生运算错误，导致倒圆角失败。

7.4 圆环体、环形阵列及并集

任务 绘制如图 7-21 所示的实体。已知大圆环的直径为 200 mm，圆管直径为 4 mm，环珠的长半轴为 30 mm，短半轴为 20 mm。

目的 通过绘制此图形，学习"圆环体"、"环形阵列"及"并集"命令的使用。

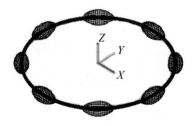

图7-21　环

绘图步骤分解

1.绘制大圆环

(1)将视图调整到"东南等轴测"方向。

(2)采用下述任一种方法调用"圆环体"命令:

功能区面板:<常用><建模><圆环体>或<实体><图元><圆环体>

下拉菜单:[绘图][建模][圆环体]

命令行窗口:TORUS ✓

AutoCAD提示:

命令:_torus

指定中心点或[三点(3P)/两点(2P)/切点、切点、半径(T)]:**0,0,0**✓

　　　　　　　　　　　　　　　　　　　　　//给定圆环体的圆心坐标

指定半径或[直径(D)]:**100**✓　　　　//给定圆环体的半径

指定圆管半径或[两点(2P)/直径(D)]:**2**✓　//给定圆管的半径

完成大圆环的绘制。

2.绘制环珠

(1)调整坐标系方向,如图7-22所示。

(2)调用"圆环体"命令(环珠是橄榄形的,可用"圆环体"命令来完成),AutoCAD提示:

命令:_torus

指定中心点或[三点(3P)/两点(2P)/切点、切点、半径(T)]:**100,0,0**✓

　　　　　　　　　　　　　　　　　　　　　//给定圆环体的圆心坐标

指定半径或[直径(D)]<100.0000>:**−20**✓　//橄榄形的半径输入负值

指定圆管半径或[两点(2P)/直径(D)]:**30** ✓　//橄榄形的圆管半径大于环半径

完成一个环珠的绘制,如图7-22所示。

3.阵列环珠

调整视图方向到俯视图方向,如图7-23所示。

图7-22　绘制环珠

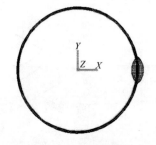

图7-23　阵列准备

采用下述任一种方法调用"阵列"命令:

功能区面板:<常用><修改><环形阵列>

下拉菜单:[修改][阵列][环形阵列]

命令行窗口:ARRAYPOLAR ✓

以大环的中心为阵列中心,在360°范围内阵列环珠,个数为8个。

4.将大环和环珠合并为一体

调用功能区"常用"选项卡下"实体编辑"面板上"并集"命令,选择大环和环珠两个实体,将其合成一个实体,结果如图7-21所示。

提示、注意、技巧

1.在绘制圆环时,如果给定圆环半径大于圆管半径,则绘制的是正常的圆环。如果给定圆环的半径为负值,并且圆管半径大于给定圆环半径的绝对值,则绘制的是橄榄形。

2.阵列对象时,如果阵列对象分布在一个平面上,则可将XY平面调整到该平面上,利用平面的"阵列"命令阵列对象,这样比用"3D阵列"命令(后面介绍)方便得多。

7.5 圆柱、面域及拉伸

任务 绘制如图7-24所示的实体。

目的 通过绘制此图形,学习"圆柱"、"面域"及"拉伸"命令的使用。

图7-24 轴座

绘制轴座

绘图步骤分解

1.绘制底板

(1)绘制平面图形

按图7-24所示尺寸绘制底面外形轮廓,如图7-25(a)所示。

（2）创建面域

调用功能区"常用"选项卡下"绘图"面板上的"面域"命令，选择图形中的所有图线，完成面域创建。

（3）拉伸面域

调用功能区"常用"选项卡下"建模"面板上的"拉伸"命令，选择刚创建的面域进行拉伸，拉伸高度设为10，"视觉样式"设置为"隐藏"，结果如图7-25（b）所示。

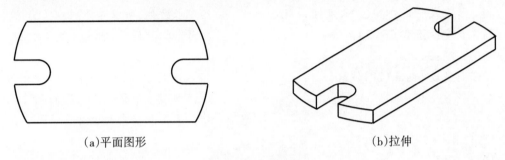

（a）平面图形　　　　　　　　　　　　（b）拉伸

图7-25　创建底板

2.创建上部圆柱并与底板合成实体

（1）创建上部圆柱

调用功能区"常用"选项卡下"建模"面板上的"圆柱体"命令，绘制上部圆柱体。

AutoCAD提示：

命令：_cylinder

指定底面的中心点或［三点(3P)/两点(2P)/切点、切点、半径(T)/椭圆(E)］：**捕捉底板上表面中心点**

指定底面半径或［直径(D)］<8.0000>：**20**✓　　　　//输入圆柱半径

指定高度或［两点(2P)/轴端点(A)］<10.0000>：**30**✓　　//输入圆柱高度

（2）合成实体

调用功能区"常用"选项卡下"实体编辑"面板上的"并集"命令，选择底板及圆柱两个实体，将其合成一个实体，结果如图7-26所示。

图7-26　创建上部圆柱并合成实体

3.创建方孔

(1)创建长方体

输入"长方体"命令,AutoCAD提示:

命令:_box

指定第一个角点或[中心(C)]:**C**✓　　　//中心点已知,所以选择"中心(C)"选项

指定中心:**捕捉圆柱上表面圆心**

指定角点或[立方体(C)/长度(L)]:**L**✓　//绘制长方体,所以选择"长度(L)"选项

指定长度:<正交 开> **24**✓　　　　//打开"正交"模式,输入长度尺寸24

指定宽度:**24**✓

指定高度或[两点(2P)]:**20**✓　　　//输入高度20,由于选择以中心点为参
　　　　　　　　　　　　　　　　　考点创建,所示长、宽、高的尺寸均以
　　　　　　　　　　　　　　　　　中心点为基准向两边对称量取

结果如图7-27(a)所示。

(2)挖方形孔

调用功能区"常用"选项卡下"实体编辑"面板上的"差集"命令,进行差集运算,结果如图7-27(b)所示。

(a)创建长方体　　　　　　　　　　　　　(b)差集运算

图7-27　挖方形孔

4.创建圆孔

(1)作辅助线

将"视觉样式"设置为"二维线框",捕捉底板上前、后两条线中心,绘制辅助线 *AB*,如图7-28(a)所示。

(2)创建圆柱

以 *AB* 中点为圆柱底面的中心点,创建半径为8、高度大于30的圆柱,将"视觉样式"设置为"隐藏",如图7-28(b)所示。

(3)挖圆孔

调用功能区"常用"选项卡下"实体编辑"面板上的"差集"命令,进行差集运算,结果如图7-28(c)所示。

至此,实体创建完成。

(a)作辅助线

（b）创建圆柱　　　　　　　　　　　　　　　　　(c)差集运算

图 7-28　挖圆孔

补充知识

"拉伸"命令介绍

(1)"拉伸"的命令选项

方向(D)：通过指定的两点确定拉伸的长度和方向。

路径(P)：对拉伸对象沿路径拉伸。可以作为路径的对象有直线、圆、椭圆、圆弧、椭圆弧、多段线、样条曲线等。

倾斜角(T)：用于拉伸的倾斜角是两个指定点的距离。

(2)可以拉伸的对象有圆、椭圆、正多边形、用矩形命令绘制的矩形,封闭的样条曲线、封闭的多段线、面域等。

(3)路径与截面不能在同一平面内,二者一般分别在两个相互垂直的平面内。

(4)当指定拉伸高度为正时,沿 Z 轴正方向拉伸;当指定拉伸高度为负时,延 Z 轴负方向拉伸。

(5)拉伸的倾斜角度在−90°和+90°之间。

(6)含有宽度的多段线在拉伸时宽度被忽略,沿线宽中心拉伸。含有厚度的对象,拉伸时厚度被忽略。

7.6 旋 转

任务 由图7-29所示手柄平面图建立其立体模型。

目的 通过建立此模型，学习"旋转"命令的使用。

图7-29 手柄

绘图步骤分解

1.绘制平面图形

按图7-29所示图形与尺寸绘制图7-30所示图形。

图7-30 绘制平面图形

2.创建面域

选择图7-30所示图形，完成面域创建。

3.创建手柄主体

以下面方法之一调用"旋转"命令：

功能区面板：<常用> <建模> <旋转>
下拉菜单：［绘图］［建模］［旋转］
命令行窗口：REVOLVE↙

AutoCAD提示：

命令：_revolve

当前线框密度：ISOLINES=8，闭合轮廓创建模式 = 实体

选择要旋转的对象或［模式(MO)］:_MO闭合轮廓创建模式［实体(SO)/曲面(SU)］<实体>:_SO

选择要旋转的对象或［模式(MO)］:**选择封闭线框** 找到1个

//选择图7-30所示平面图形

选择要旋转的对象或［模式(MO)］:✓　　　　//结束选择

指定轴起点或根据以下选项之一定义轴［对象(O)/X/Y/Z］<对象>:**选择A点**

指定轴端点:**选择B点**

指定旋转角度或［起点角度(ST)/反转(R)/表达式(EX)］<360>:✓

//接受默认,旋转360°

结果如图7-31所示。

图7-31　手柄主体模型

4.创建手柄上圆孔

(1)确定孔的轴心位置

将手柄主体模型的"视觉样式"变成"线框"样式,如图7-32(a)所示。在左端小圆柱内沿轴线作一条辅助直线。

(2)建立孔的圆柱体

输入"圆柱"命令,利用"对象捕捉追踪"功能找到圆柱底面中心(与手柄左端中心点距离为10),给定半径值2.5,高度为大于10的任意值,如图7-32(b)所示。选择刚创建的圆柱体,拖动其红色界标点,向下拉伸到一定长度,如图7-32(c)所示。

(3)创建圆孔

将手柄主体模型与刚创建的孔的圆柱体进行"差集"运算,并将"视觉样式"变成"真实"样式,结果如图7-32(d)所示。

至此,实体创建完成。

（a）"线框"样式

（b）确定孔的中心并创建圆柱体

（c）向下拉伸圆柱体

（d）完成模型

图 7-32　手柄模型

　补充知识

1."旋转"命令选项

（1）指定轴起点：通过两个点来定义旋转轴。AutoCAD 将按指定的角度和旋转轴旋转二维对象。

（2）对象（O）：选择一条已有的直线作为旋转轴。

（3）X/Y/Z：将二维对象绕当前坐标系（UCS）的 X/Y/Z 轴旋转。

2.旋转轴方向

捕捉两个端点指定旋转轴时，旋转轴方向从先捕捉点指向后捕捉点。

选择已知直线为旋转轴时，旋转轴方向从直线距离坐标系原点近的一端指向远的一端。

3.旋转方向

旋转角度正向符合右手螺旋法则，即用右手握住旋转轴线，大拇指指向旋转轴正向，四指指向为旋转角度方向。

4.旋转角度

旋转角度为 0° ~ 360°。

7.7　拉伸面

任务　将图7-33(a)所示的实体模型修改成7-33(b)所示的图形。

目的　通过绘制此图形,学习"拉伸面"命令的使用。

图7-33　工字钢

绘图步骤分解

1.创建图7-33(a)所示实体

新建一张图纸,调整到主视图方向,按图示尺寸绘制工字形断面,将视图方向调至"西南等轴测"方向,再利用"拉伸"命令,完成图7-33(a)所示实体的创建。

2.创建曲面体

(1)绘制拉伸路径

将坐标系的XY平面调整到底面上,坐标轴方向与工字形棱线平行,调用"多段线"命令,绘制拉伸路径。

(2)拉伸面

采用下述任一种方法调用"拉伸面"命令:

功能区面板:<常用> <实体编辑> <拉伸面>或<实体> <实体编辑> <拉伸面>
下拉菜单:[修改][实体编辑][拉伸面]

AutoCAD提示:

命令:_solidedit

实体编辑自动检查:SOLIDCHECK=1

输入实体编辑选项 [面(F)/边(E)/体(B)/放弃(U)/退出(X)] <退出>:_face

输入面编辑选项[拉伸(E)/移动(M)/旋转(R)/偏移(O)/倾斜(T)/删除(D)/复制(C)/颜色(L)/材质(A)/放弃(U)/退出(X)] <退出>:_extrude

选择面或 [放弃(U)/删除(R)]:**选择工字形实体右端面** 找到一个面

选择面或 [放弃(U)/删除(R)/全部(ALL)]:↙　　　　　　　//结束选择

指定拉伸高度或 [路径(P)]:**P**↙

选择拉伸路径:**在路径线上单击**

已开始实体校验。

已完成实体校验。

结果如图7-33(b)所示。

提示、注意、技巧

1.命令选项"指定拉伸高度"的使用方法与"拉伸"命令中的"指定拉伸高度"选项相同。

2.选择面时常常会把一些不需要的面选上,此时应选择"删除"选项删除多选择的面。

7.8 三维镜像、复制边及压印

任务 由图7-34所示的连杆两视图建立其立体模型。

目的 通过建立此模型,学习"三维镜像"、"复制边"和"压印"命令的使用。

图7-34 连杆两视图

绘图步骤分解

1.绘制平面图形

按图7-34所示图形与尺寸绘制图7-35所示图形。

图7-35 绘制平面图形(1)

2.创建面域

(1)选择图7-35所示图形创建面域,系统提示创建4个面域,利用"差集"运算建立两端环形面域,如图7-36所示。

图7-36 创建面域

(2)图7-36中,表示中间连接板的区域没有建立面域,可利用创建"边界"的方法创建面域。

采用下面方法之一调用"边界"命令:

> 功能区面板:<常用> <绘图> <边界>
>
> 下拉菜单:[绘图][边界]

系统弹出如图7-37(a)所示的"边界创建"对话框,"对象类型"选择"面域",单击"拾取点"按钮,在图形两斜线内部区域单击,回车后此区域完成面域的创建,如图7-37(b)所示。

(a)"边界创建"对话框　　　　　　　　(b)利用"边界"创建面域

图7-37 创建面域

3.拉伸实体

调用"拉伸"命令,将左侧圆环区域拉伸9,将右侧圆环区域拉伸6,将中间连接板部分拉伸3,结果如图7-38所示。调用"并集"命令,将三个实体合成一个实体。

图7-38　拉伸实体

4.镜像实体

以下面方法之一调用"三维镜像"命令：

功能区面板:<常用> <修改> <三维镜像>
下拉菜单:[修改][三维操作][三维镜像]

选择图7-38所示模型为镜像对象,选择底面任意三点为镜像平面,得到如图7-39所示模型,调用"并集"命令,将两个实体合成一个实体。

图7-39　镜像实体

5.挖切连接板中间孔

(1)绘制平面图形

要挖切掉中间部分,应先绘制出中间孔的平面图,可利用实体上已有的边进行绘制。

①调用"复制边"命令,可用以下方法之一：

功能区面板:<常用> <实体编辑> <复制边>
下拉菜单:[修改][实体编辑][复制边]

AutoCAD提示：

命令：_solidedit

实体编辑自动检查：SOLIDCHECK=1

输入实体编辑选项[面(F)/边(E)/体(B)/放弃(U)/退出(X)]<退出>: _edge

输入边编辑选项[复制(C)/着色(L)/放弃(U)/退出(X)]<退出>: _copy

选择边或[放弃(U)/删除(R)]:**分别选择图7-40(a)所示四条边线**

选择边或[放弃(U)/删除(R)]：
选择边或[放弃(U)/删除(R)]：
选择边或[放弃(U)/删除(R)]：
选择边或[放弃(U)/删除(R)]：✓　　　　　　　　//结束选择
指定基点或位移：**单击任意一点**
指定位移的第二点：**在基点处单击**
输入边编辑选项[复制(C)/着色(L)/放弃(U)/退出(X)]<退出>：✓
则图7-40(a)所示四条边线复制完成。

②将坐标系移到四条边线所在平面,利用"偏移"命令将刚创建的四条边线向内偏移4,修剪之后得到如图7-40(b)所示图形。

③对刚建立的图形进行倒圆角,得到如图7-40(c)所示图形。

(a) 复制四条边线　　　　　　　　　　　(b) 偏移四条边线

(c) 倒圆角

图7-40　绘制平面图形(2)

(2)创建面域
将上述所创建的图形利用"面域"命令创建面域。
(3)压印
调用"压印"命令,可用以下方法之一：

功能区面板：<常用><实体编辑><压印>
下拉菜单：[修改][实体编辑][压印边]

AutoCAD提示：

命令：_imprint

选择三维实体或曲面：**选择实体**

选择要压印的对象：**选择刚创建的面域**

是否删除源对象［是(Y)/否(N)］<N>：**Y**✓   //删除源对象，完成压印创建

(4)拉伸面

调用功能区"常用"选项卡下"实体编辑"面板上的"拉伸面"命令，选择刚创建的面域，以–6的高度拉伸，再调用"差集"命令得到中间孔，完成结果如图7-41所示。

6.圆角

调用"圆角"命令，以圆角半径1创建铸造圆角，如图7-42所示。

至此，实体创建完成。

图7-41 创建中间孔

图7-42 创建铸造圆角

提示、注意、技巧

压印：通过压印圆弧、圆、直线、二维和三维多段线、椭圆、样条曲线、面域和三维实体来创建三维实体的新面。可以删除原始压印对象，也可保留下来以供将来编辑使用。压印对象必须与选定实体上的面相交，这样才能压印成功。

7.9 抽壳、三维对齐及着色边

任务 任务：创建如图7-43所示实体(各部分尺寸详见绘图步骤)。

目的 通过创建此实体，学习"抽壳"、""三维对齐"及" 着色边"命令的使用。

图7-43　抽屉实体

绘图步骤分解

1. 创建长方体

新建一个图形,调用"长方体"命令,绘制长400、宽250、高120的长方体。

2. 抽壳

采用下述任一种方法调用"抽壳"命令:

功能区面板:<常用> <实体编辑> <抽壳>
下拉菜单:[修改][实体编辑][抽壳]

AutoCAD提示:

命令:_solidedit

实体编辑自动检查:SOLIDCHECK=1

输入实体编辑选项 [面(F)/边(E)/体(B)/放弃(U)/退出(X)]<退出>:_body

输入体编辑选项 [压印(I)/分割实体(P)/抽壳(S)/清除(L)/检查(C)/放弃(U)/退出(X)]<退出>:_shell

选择三维实体:**选择长方体**

删除面或 [放弃(U)/添加(A)/全部(ALL)]:**选择长方体上表面** 找到一个面,已删除1个

删除面或 [放弃(U)/添加(A)/全部(ALL)]:**选择长方体前表面** 找到一个面,已删除1个

删除面或 [放弃(U)/添加(A)/全部(ALL)]:✓

输入抽壳偏移距离:**18**✓

已开始实体校验。

已完成实体校验。

结果如图7-44所示。

3. 复制边

调用"复制边"命令,对 AB、AC、CD 三条边进行复制,得到复制的边框线 A_1B_1、A_1C_1、C_1D_1,如图7-44所示。

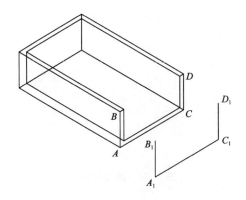

图7-44　抽壳、复制边

4.创建抽屉面板

(1)新建UCS,将原点置于A_1点,A_1C_1作为X轴方向,A_1B_1作为Y轴方向。

(2)调用"偏移"命令,将直线A_1B_1、A_1C_1、C_1D_1向外偏移动20,如图7-45(a)所示,得EF、E_1H_1、HG,再将其编辑成矩形,之后创建面域,如图7-45(b)所示。

(a)　　　　　　　　　　　(b)

图7-45　制作抽屉面板

(3)调用"拉伸"命令,给定高度20,拉伸成长方体。

5.对齐

绘制辅助线BD。

采用下述任一种方法调用"三维对齐"命令:

功能区面板:<常用> <修改> <三维对齐>
下拉菜单:[修改][三维操作][三维对齐]

AutoCAD提示:

命令: _3dalign

选择对象:**选择面板** 找到1个

选择对象:↙

指定源平面和方向 ...

指定基点或 [复制(C)]:**选择FG中点**

指定第二个点或 [继续(C)] <C>:**选择E点**

指定第三个点或［继续(C)］<C>:**选择G点**

指定目标平面和方向 ...

指定第一个目标点:**选择BD中点**

指定第二个目标点或［退出(X)］<X>:**选择A点**

指定第三个目标点或［退出(X)］<X>:**选择D点**

结果如图7-46所示。

图7-46　对齐面

6.布尔运算

删除辅助线*BD*。调用"并集"命令,选择抽壳体和面板,将其合并成一个实体。

7.着色边

AutoCAD可以改变实体边的颜色,这样为在线框模式和消隐模式下编辑实体时区分不同面上的线提供了方便。调用"着色边"命令的方法为:

功能区面板:<常用> <编辑实体> <着色边>

下拉菜单:［修改］［实体编辑］［着色边］

执行结果可以对各边进行着色。

提示、注意、技巧

"三维对齐"命令可以实现在二维和三维空间将对象与其他对象对齐。

(1)如果只指定了一点对齐,则把源对象从第一个源点移到第一个目标点。

(2)如果指定两个对齐点,则相当于移动、缩放。

(3)当指定三个对齐点时,命令结束后,三个源点定义的平面将与三个目标点定义的平面重合,并且第一个源点要移到第一个目标点位置。

7.10 剖 切

任务 由图7-47所示形体两视图建立其立体模型。

目的 通过建立此模型,学习"剖切"命令的使用。

图7-47 形体两视图

绘图步骤分解

1.创建主体结构

按图7-47所示图形与尺寸,利用"圆柱"、"并集"和"差集"命令创建形体的主体结构,如图7-48所示。

图7-48　主体结构

2.创建底板上三个圆孔

由定位尺寸ϕ90确定一个孔的位置,创建ϕ15的圆柱体,如图7-49(a)所示。利用"常用"选项卡下"修改"面板上的"环形阵列"命令创建其余两个圆柱体,如图7-49(b)所示。利用"差集"命令进行差集运算,完成底板上三个圆孔的创建,如图7-49(c)所示。

(a)创建圆柱体　　　　　　　　(b)阵列圆柱体　　　　　　　　(c)创建圆孔

图7-49　创建圆孔

3.创建三个肋板

(1)绘制肋板底面平面图形并将其创建成面域

利用"直线"、"偏移"、"复制边"和"修剪"命令,绘制肋板底面平面图形,如图7-50(a)所示。利用"面域"命令对刚绘制的图形创建面域。

(2)拉伸面域的图形

利用"拉伸"命令对上步创建面域的图形进行拉伸,拉伸高度为30,如图7-50(b)所示。

(3)剖切肋板

调用"剖切"命令,可用以下方法之一:

```
功能区面板:<常用><实体编辑><剖切>或<实体><实体编辑><剖切>
下拉菜单:[修改][三维操作][剖切]
```

AutoCAD提示:

命令:_slice

选择要剖切的对象:**选择刚拉伸的肋板**

选择要剖切的对象:✓　　　　　　　　　　　　　//回车结束选择

指定切面的起点或[平面对象(O)/曲面(S)/z轴(Z)/视图 (V)/xy(XY)/yz(YZ)/zx(ZX)/三点(3)]<三点>:✓　　　　　　　　　　　　//选择利用三点创建一个切面

指定平面上的第一个点:**单击**　　　　　　　　　//利用"对象捕捉"功能,拾取剖切
　　　　　　　　　　　　　　　　　　　　　　面上不在一条直线的三个点

指定平面上的第二个点:**单击**

指定平面上的第三个点:**单击**

在所需的侧面上指定点或［保留两个侧面(B)］<保留两个侧面>:**在剖切面的下部分单击**
　　　　　　　　　　　　　　　　　　　　　　//确定保留的部分

一个肋板创建完成,如图7-50(c)所示。

(4)阵列肋板并与主体结构合并为一体

利用"环形阵列"命令创建其余两个肋板,利用"并集"命令进行并集运算,完成形体创建,如图7-50(d)所示。

至此,实体创建完成。

(a)绘制肋板底面平面图形

(b)拉伸创建面域的图形

(c)剖切肋板

(d)阵列并合并

图7-50　创建肋板

7.11　三维阵列及三维旋转

任务　创建图7-51(a)、图7-51(b)所示实体,并将其旋转成图7-51(c)所示方向(各部分尺寸详见绘图步骤)。

目的　通过绘制此图形,学习"三维阵列"及"三维旋转"命令的使用。

图7-51 环形孔板

绘图步骤分解

1. 创建 U 形板

(1)将视图调整到"前视"方向,绘制图7-52所示的断面形状。

200

R50

10

图7-52 平面图形

(2)将图形面域后按长度200拉伸成实体,将视图调整到"东南等轴测"方向。

2. 阵列对象

(1)绘制表面圆

调整 UCS 至上表面,方向如图7-53所示。调用"圆"命令,以(50,50)为圆心、20为半径绘制圆。

图7-53 绘制表面圆

(2)阵列对象

采用下拉菜单调用"三维阵列"命令：

> 下拉菜单：[修改][三维操作][三维阵列]

AutoCAD提示：

命令：_3darray

选择对象：**选择圆** 找到 1 个

选择对象：↙

输入阵列类型 [矩形(R)/环形(P)] <矩形>：**R**↙

输入行数 (---) <1>：**2**↙

输入列数 (|||) <1>：**2**↙

输入层数 (...) <1>：**2**↙

指定行间距 (---)：**100**↙

指定列间距 (|||)：**100**↙

指定层间距 (...)：**-110**↙

结果如图7-54所示。

图7-54　阵列圆

3.压印

调用"压印"命令，完成8个圆的压印，并将源对象的8个圆删除。

4.拉伸面

调用功能区"常用"选项卡下"实体编辑"面板上的"拉伸面"命令，选择各个圆的内表面，以-10的高度拉伸表面，得到8个通孔，结果如图7-51(a)所示。

5.三维镜像

选择图7-51(a)所示模型为镜像对象，选择右端面任意三点为镜像平面，得到如图7-51(b)所示模型，调用"并集"命令，将两个实体合成一个实体。

6.三维旋转

采用下述任一种方法调用"三维旋转"命令：

> 功能区面板：<常用> <修改> <三维旋转>
> 下拉菜单：[修改][三维操作][三维旋转]

AutoCAD提示:

命令:_3drotate

当前正角方向:ANGDIR=逆时针　ANGBASE=0

选择对象:**选择图7-51(b)所示实体　找到1个**

选择对象:↙　　　　　　　　　　　　　　　//结束选择

指定基点:**选择如图7-55所示U形板左端面中点**

拾取旋转轴:**光标悬停在红色椭圆上,当椭圆变成黄色后单击**

指定角的起点或键入角度:**90**↙

旋转后结果如图7-51(c)所示

图7-55　三维旋转

提示、注意、技巧

　　(1)在执行"三维旋转"命令后,光标样式变为旋转夹点工具,如图7-56所示。旋转夹点工具由三个不同颜色的椭圆组成,椭圆的颜色分别与UCS坐标轴的颜色相对应,红色椭圆代表X轴,绿色椭圆代表Y轴,蓝色椭圆代表Z轴。

　　指定基点后,旋转夹点工具就固定在基点上,当光标悬停在某个椭圆上时,该椭圆会变成黄色,单击确定后表示选定该方向(平行于X轴、Y轴或Z轴)为旋转轴。从旋转轴的正向向负向看,正角度值使对象绕旋转轴沿逆时针方向旋转,负角度值使对象绕旋转轴沿顺时针方向旋转。

　　(2)"三维旋转"命令默认只能绕平行于UCS坐标轴的轴线旋转,当旋转轴不平行于UCS坐标轴时,必须首先通过"新建UCS"命令把UCS对齐到旋转轴上,才能使用"三维旋转"命令。

旋转轴

图7-56　旋转夹点工具

7.12 创建实体综合应用

任务 由图7-57(a)所示形体的两视图创建图7-57(b)所示的实体模型。

目的 通过创建此模型,掌握创建复杂实体模型的方法。

(a)

(b)

图7-57 创建箱体模型

绘图步骤分解

1.新建文件

新建一个文件,设置"实体"层和"辅助线"层,并将"实体"层设置为当前层,再将视图方向调整到"东南等轴测"方向。

2.创建长方体

调用"长方体"命令,绘制长120、宽80、高60的长方体。

3.倒圆角

调用"圆角边"命令,以8为半径,对四条竖直棱边倒圆角,结果如图7-58所示。

4.创建内腔

（1）抽壳

调用"抽壳"命令,对图7-58所示实体进行抽壳,抽壳偏移距离设为8,删除上表面,结果如图7-59所示。

图7-58　长方体倒圆角

图7-59　抽壳

（2）倒圆角

调用"圆角边"命令,以5为半径,对内表面的四条竖直棱边倒圆角。

5.创建耳板

（1）绘制耳板端面

将坐标系调至上表面,利用"复制边"、"直线"、"偏移"、"修剪"及"圆"等命令,绘制耳板端面图形,并将此图形创建为面域,结果如图7-60所示。

（2）拉伸耳板

调用"拉伸"命令,拉伸耳板端面,高度为–10,并创建耳板上ϕ16的圆孔。

（3）镜像另一侧耳板

调用"三维镜像"命令,复制出另一侧耳板。

（4）布尔运算

调用"并集"命令,将两个耳板和壳体合并成一个实体,结果如图7-61所示。

图7-60　绘制耳板端面

图7-61　创建耳板

6.旋转

调用"三维旋转"命令,将图7-61所示实体旋转180°,结果如图7-62所示。

7.创建箱体顶盖方孔

调用"直线"、"偏移"、"修剪"、"圆角"、"面域"、"拉伸"、"差集"或"压印"和"拉伸面"等命令,创建长60、宽40的方孔,如图7-63所示。

图7-62　旋转箱体

图7-63　创建方孔

8.创建前表面凸台

调用"直线"、"偏移"、"圆"、"修剪"、"面域"、"拉伸"、"并集"或"压印"和"拉伸面"等命令,创建前表面凸台,如图7-64所示。

9.倒顶面圆角

将视图方式调整到二维线框模式,调用"圆角边"命令,对箱体顶面的外部及内部倒半径为5的圆角,结果如图7-65所示。

图7-64　创建前表面凸台

图7-65　倒顶面圆角

10.剖切

(1)剖切实体成前、后两部分

将坐标系移到箱体顶盖方孔左边的中心,然后调用"剖切"命令,AutoCAD提示:

命令：_slice

选择要剖切的对象:**选择实体** 找到 1 个

选择要剖切的对象:↙

指定切面的起点或［平面对象(O)/曲面(S)/Z 轴(Z)/视图(V)/XY(XY)/YZ(YZ)/ZX(ZX)/三点(3)］<三点>:**XY**↙

指定 XY 平面上的点 <0,0,0>:**可选择用户坐标系原点**

在所需的侧面上指定点或［保留两个侧面(B)］<保留两个侧面>:↙

结果如图 7-66(a)所示。

(2)剖切前半个实体

调用"剖切"命令,AutoCAD 提示:

命令：_slice

选择要剖切的对象:**选择前半个箱体** 找到 1 个

选择要剖切的对象:↙

指定切面的起点或［平面对象(O)/曲面(S)/Z 轴(Z)/视图(V)/XY(XY)/YZ(YZ)/ZX(ZX)/三点(3)］<三点>:↙

指定平面上的第一个点:**在剖切面上捕捉任意不在一条直线上的三点**

指定平面上的第二个点:

指定平面上的第三个点:

在所需的侧面上指定点或［保留两个侧面(B)］<保留两个侧面>:**在右侧单击**

结果如图 7-66(b)所示。

(a) 剖切实体成前、后两部分

(b) 剖切前半个实体

图 7-66　剖切实体

11.合并实体

调用"并集"命令,将剖切后的实体合并成一个,结果如图 7-57(b)所示。

一、基础题

1.按图 7-67～图 7-70 所示尺寸创建三维实体。

图 7-67　基础题 1(1)

图 7-68　基础题 1(2)

图 7-69　基础题 1(3)

图 7-70　基础题 1(4)

2.由形体视图(图7-71～图7-81)创建三维实体。

图7-71　基础题2(1)

图7-72　基础题2(2)

图7-73　基础题2(3)

图7-74　基础题2(4)

图7-75　基础题2(5)

图7-76 基础题2(6)

图7-77 基础题2(7)

图 7-78　基础题 2(8)

图 7-79　基础题 2(9)

图 7-80　基础题 2(10)

图7-81 基础题2(11)

二、拓展题

1. 按图7-82～图7-85所示尺寸创建三维实体。

图7-82 拓展题1(1)

图7-83　拓展题1(2)

图7-84　拓展题1(3)

图7-85　拓展题1(4)

2.由形体视图(图7-86～图7-89)创建三维实体。

图7-86　拓展题2(1)

图7-87　拓展题2(2)

图7-88　拓展题2(3)

图 7-89　拓展题 2(4)

第8章

打印与输出图形

本章要点

图形输出是整个设计过程的最后一步,即将设计成果显示在图纸上。将图纸打印后,图纸内容可清晰地呈现在用户面前,便于阅读查看,可以用绘图仪或打印机打印。

本章主要介绍在 AutoCAD 2024 中图形的打印与输出,以及在打印图纸时的布局设置操作。

素养提升

"七一勋章"获得者艾爱国,从事焊接工作五十余年,他精益求精、不断突破,集丰厚的理论素养和操作技能于一身,为我国冶金、军工、矿山等行业攻克多项焊接技术难关。通过了解艾爱国的事迹,培养高尚的文化情操、优良的思想品质、良好的职业道德修养,具备脚踏实地、锲而不舍的自强不息精神。

读后感:＿＿＿＿＿＿＿＿＿＿＿＿＿＿＿＿＿＿＿＿＿

＿＿＿＿＿＿＿＿＿＿＿＿＿＿＿＿＿＿＿＿＿＿＿＿＿＿＿

＿＿＿＿＿＿＿＿＿＿＿＿＿＿＿＿＿＿＿＿＿＿＿＿＿＿＿

＿＿＿＿＿＿＿＿＿＿＿＿＿＿＿＿＿＿＿＿＿＿＿＿＿＿＿

＿＿＿＿＿＿＿＿＿＿＿＿＿＿＿＿＿＿＿

延伸阅读

8.1 模型空间与图纸空间

一、模型空间与图纸空间的概念

前面各个章节中大多数的工作及内容都是在模型空间中进行的。模型空间是一个三维空间,主要用于平面图形的绘制和几何模型的构建。而图纸空间则用于将模型空间中生成的三维或二维物体按用户指定的观察方向正投射为二维图形,并且允许用户按需要的比例将图摆放在图形界限内的任何位置。

二、模型空间与图纸空间的区别

1.用途不同

模型空间主要用于创建图形实体,图纸空间用于创建最终的打印布局,一般不用于绘图或设计工作。。

2.操作对象不同

模型空间操作对象为目标实体,图纸空间操作对象主要是图纸本身。

3.修改效果不同

模型空间状态下执行缩放、绘图、修改等命令,是对模型本身进行修改,改动效果会反映在模型窗口和其他布局窗口中,图纸空间状态下执行上述命令,仅仅是在布局图上操作,而不能改变模型本身,这种修改在出图时会打印出来。

4.多视口不同

模型空间中的多视口是固定的,不可改变大小,而图纸空间中的多视口可以自由分割。

模型空间与图纸空间分别如图8-1及8-2所示。

图8-1 模型空间

图8-2　图纸空间

三、模型空间与图纸空间的切换

1.从模型空间向图纸空间切换

可采用下述方法将模型空间切换成图纸空间：

> 绘图窗口左下角：单击"布局1"或"布局2"选项卡
> 状态栏：单击"模型"按钮，该按钮会变为"图纸"按钮

2.从图纸空间向模型空间切换

可采用下述方法将图纸空间切换成模型空间：

> 绘图窗口左下角：单击"模型"选项卡
> 状态栏：单击"图纸"按钮，该按钮会变为"模型"按钮
> 存在视口：在其内部双击，激活该活动视口，进入模型空间

8.2 创建和管理布局

一、创建布局

　　在建立新图形的时候，AutoCAD会自动建立一个"模型"选项卡和两个"布局"选项卡。其中，"模型"选项卡用来在模型空间中建立和编辑二维图形和三维模型，该选项卡不能删除，也不能重命名；"布局"选项卡用来打印图形的图纸，其个数没有限制，且可以重命名。

　　布局是一种图纸空间环境，它模拟图纸页面，提供直观的打印设置。在布局中可以创建

并放置视口对象,还可以添加标题栏或其他几何图形。可以在图形中创建多个布局,以显示不同视图,每个布局可以包含不同的打印比例和图纸尺寸。布局显示的图形与图纸页面上打印出来的图形完全一样。

创建布局有很多方法,常用新建布局和利用样板来创建。

1. 新建布局

在"布局"选项卡上单击鼠标右键,在弹出的快捷菜单中选择"新建布局"选项,系统会自动添加"布局3"选项卡。

2. 利用样板

利用样板创建新的布局,操作如下:

(1)在下拉菜单中选择[插入][布局][来自样板的布局]选项,系统弹出如图8-3所示的"从文件选择样板"对话框,在该对话框中选择适当的图形文件样板,单击"打开"按钮。

图8-3 "从文件选择样板"对话框

(2)系统弹出如图8-4所示的"插入布局"对话框,单击"确定"按钮,插入该布局。

图8-4 "插入布局"对话框

二、管理布局

布局是用来排版出图的,选择布局可以看到细实线框,其为打印范围,模型图在视口内。在AutoCAD 2024中,要删除、新建、重命名、移动和复制布局,可将光标放置在"布局"选项卡上,然后单击鼠标右键,在弹出的快捷菜单中选择相应的命令即可实现,如图8-5所示。

图8-5 快捷菜单中的命令

8.3 在模型空间打印图纸

任务 在A3图纸上打印图5-32所示定位销轴零件图。

目的 通过完成此任务,学习配置绘图设备和在模型空间输出图形的方法及操作技巧。

绘图步骤分解

1.打开原始文件,准备输出

打开"定位销轴"文件,选择"输出"选项卡,如图8-6所示。

图8-6 原始文件与"输出"选项卡

2.页面设置

（1）单击"打印"面板上的"页面设置管理器"按钮，系统弹出"页面设置管理器"对话框，单击"新建"按钮，打开"新建页面设置"对话框。在"基础样式"列表中选择"模型"选项，单击"确定"按钮，如图8-7所示

图8-7　页面设置

（2）系统弹出"页面设置-模型"对话框，在"打印机/绘图仪"选项组中，单击"名称"选项框右侧的下拉按钮，在其下拉列表中选择打印机型号，如图8-8所示。

图8-8　选择打印机型号

（3）单击"图纸尺寸"选项框右侧的下拉按钮，在其下拉列表中选择"A3"选项，勾选"居中打印"和"布满图纸"选项，选择图形方向为"横向"，如图8-9所示。

图8-9 选择图纸等选项

（4）在"打印范围"下拉列表中选择"窗口"选项，如图8-10所示。在绘图窗口中通过指定对角点，框选出打印的范围，确定打印范围后自动回到对话框，如图8-11所示。

图8-10 选择打印范围

图8-11　页面设置完成

（5）单击"预览"按钮，打开"预览"窗口，预览图形打印输出的效果，以便于检查图形的输出设置是否正确，如图8-12所示。

图8-12　打印预览

3.打印图形

单击预览窗口顶部的"关闭预览窗口"按钮，关闭当前视图。若用户对图形的打印输出效果满意，则可单击"打印"按钮，开始打印作业。打印完成后，在软件窗口右下角将显示"完成打印和发布作业"信息。

8.4　在图纸空间打印图纸

任务　在A4图纸上打印图7-57所示箱体的两视图及三维图。

目的　通过完成此任务,学习配置绘图设备和在图纸空间输出图形的方法及操作技巧。

绘图步骤分解

1. 打开需要打印的文件

打开第7章中保存的箱体两视图文件,如图8-13所示。

图8-13　箱体两视图

2. 合并要打印的文件

将箱体的立体图文件插入到箱体两视图文件中,选择"插入"下拉菜单中的"DWG参照"选项,在打开的"选择参照文件"对话框中选择所要插入的文件,打开"附着外部参照"对话框,进行如图8-14所示的设置后,单击"确定"按钮,将箱体立体图插入箱体两视图文件,如图8-15所示。

3. 切换到布局

单击状态栏的"布局1"选项卡,将模型空间切换成图纸空间,如图8-16所示。

图 8-14　"附着外部参照"对话框

图 8-15　合并两个文件

图 8-16　切换到布局

4.布局的页面设置

页面设置可以对新建布局或已建好的布局进行图纸大小和绘图设备的设置。

在 AutoCAD 2024 中,在图纸空间模式下,可以通过以下方法打开"页面设置管理器"对话框:

> 功能区面板:<布局><布局><页面设置>或<输出><打印><页面设置管理器>
>
> 命令行窗口:PAGESETUP✓

"页面设置管理器"对话框如图8-17所示,单击"修改"按钮,打开"页面设置-布局"对话框,在该对话框中对打印机、图纸尺寸及图形方向等进行设置,如图8-18所示。

图 8-17 "页面设置管理器"对话框

图 8-18 "页面设置-布局"对话框

5.预览打印效果

单击"页面设置-布局"对话框中的"预览"按钮,打开预览窗口,如图8-19所示,对打印效果进行预览。

图8-19　预览打印效果

通过预览打印效果查看视口的布置、视图的方向、绘图的比例等是否存在问题,若存在,则需要回到布局中进行修改。

退出预览窗口,返回"页面设置-布局"对话框,再返回到布局。

6.对视图进行重新布局

(1)调整视口,设置绘图比例

在布局1的图纸空间调整视口的大小和位置,使两视图在视口内部,选择视口边界后单击鼠标右键,在打开的快捷菜单中选择"特性"选项,打开"特性"选项板,将其中的"标准比例"设置为"1:2",如图8-20所示。

视口	
圆心 Z 坐标	0
高度	129.3279
宽度	163.7216
其他	
开	是
剪裁	否
显示锁定	否
注释比例	1:1
标准比例	1:2
自定义比例	0.5
每个视口都显示 UCS	是
图层特性替代	否
视觉样式	二维线框
着色打印	按显示
已链接到图纸视图	否

图8-20　设置打印比例

（2）增加视口

在"布局"选项卡下的"布局视口"面板上单击"矩形"按钮，在原视口的下方拖动，创建一个矩形视口，如图8-21所示。

（3）调整新视口中的图形

①激活新建的矩形视口（单击视口边框），视口边框变粗，单击状态栏上的"图纸"按钮，将图纸空间转换到模型空间，对视口内的图形进行移动、缩放等操作。

②将工作空间转换到"三维建模"工作空间，在"常用"选项卡下"视图"面板上进行设置：将"视觉样式"设置为"真实"，将"视图方向"设置为"东北等轴测"，如图8-22所示。

图8-21　创建矩形视口

图8-22　调整新视口中的图形

③剪裁视口，使新视口只展示立体模型。切换到图纸空间，选择"布局"选项卡下"布局视口"面板上的"剪裁"按钮，根据系统提示，选择下面要裁切的视口，在"选择剪裁对象或[多边形（P）]<多边形>:"提示下回车，取系统默认值"多边形"，然后在视口内单击拾取点，绘出一个多边形，如图8-23所示。最后回车结束，完成多边形窗口剪裁，如图8-24所示。

图8-23　绘制多边形窗口

图8-24　完成多边形窗口剪裁

④修改图形比例

用与上面视口调整比例相同方法,将多边形视口中图形比例调整为1:2,如图8-25所示。

图8-25　修改图形比例

(4)隐藏视口边框

新建一图层,并设置该图层是不打印图层,将两个视口的边框线放到该图层上。

(5)打印图形

①单击"输出"选项卡下"打印"面板上的"预览"按钮,对打印效果进行预览,如图8-26所示。

图8-26　打印预览

②打印图形

用户如果对预览效果满意,即可打印。打印方法:可在预览窗口中单击鼠标右键,在弹出的快捷菜单中选择"打印"选项即可;或者单击预览窗口左上角"快速访问"工具栏中的"打印"按钮。

8.5　图形文件的输出

一、输出文件

用户可以将AutoCAD图形对象保存为其他的文件格式,以方便查看。这时将AutoCAD图形对象以指定的文件格式输出即可,方法如下:单击"输出"选项卡下"输出为DWF/PDF"面板上的"输出"按钮,如图8-27所示,在其下拉列表中选择需要的文件格式即可。

AutoCAD 2024可输出三种文件格式:

图8-27　"输出为DWF/PDF"面板

1.DWF文件

这是一种图形Web格式文件,属于二维矢量文件。用户可通过这种文件格式在因特网或局域网上发布自己的图形。

2.DWFx文件

DWFx是DWF的一个版本,基于Microsoft的XML纸张规范(XPS)。通过DWFx,可以使用免费的Microsoft XPS查看器查看DWF文件。

3.PDF文件

PDF是一种电子文件格式,可以对图纸输出查看,使用比较普遍。

二、输出数据

用户可以将AutoCAD图形对象输出为其他需要的文件格式,以供其他软件调用。输出文件的方法如下:选择下拉菜单中[文件][输出]选项,打开"输出数据"对话框,在"文件类型"下拉列表中选择所需要的类型文件,如图8-28所示。

图 8-28　"输出数据"对话框

常用文件类型含义如下:

1.三维DWF

该格式文件可以包含二维和三维模型空间对象,可以创建一个单页或多页DWF文件。

2.图元文件

图元文件即Windows WMF格式,包括屏幕矢量几何图形和光栅几何图形格式。

3.ACIS

选择该文件类型,可以将代表修剪过的NURB表面、面域和三维实体的AutoCAD对象输出到ASC格式的ACIS文件中。

4.平板印刷

选择该文件类型,可用平板印刷(SLA)兼容的文件格式输出AutoCAD实体对象。实体数据以三角形网格面的形式转换为SLA。SLA工作站使用这个数据定义代表部件的一系列层面。

5.封装PS

选择该文件类型,可创建包含所有或部分图形的PS文件。

6.位图

选择该文件类型,可创建一种位图格式文件,其在图像处理行业中应用相当广泛。

7.V8 DGN

V8 DGN格式在内部数据结构上和V7 DGN格式有所差别,但总体上说它是V7版本DGN的超集。

8.V7 DGN

V7 DGN格式基于Intergraph标准文件格式(ISFF)定义。

9.IGES

IGES格式是作为Pro/ENGINEER、UG、CATIA等工程数模软件数据间转换的一种格式。

习　题

一、选择题

1.AutoCAD允许在(　　)模式下打印图形。

  A.模型空间　　　　　　B.图纸空间　　　　　　C.布局　　　　　　D.以上都是

2.在打开一张新图形时,AutoCAD创建的默认的布局数是(　　)个。

  A. 0　　　　　　　　　B. 1　　　　　　　　　C. 2　　　　　　　D.无限制

3.下列(　　)选项不属于图纸方向设置的内容。

  A.“纵向”　　　　　　B.“反向”　　　　　　C.“横向”　　　　　D.“上下颠倒打印”

4.在“打印-模型”对话框的(　　)选项组中,用户可以选择打印设备。

  A.“打印区域”　　　　B.“打印比例”　　　　C.“图纸尺寸”　　　D.“打印机/绘图仪”

二、填空题

1.AutoCAD窗口中提供了两个并行的工作环境,即_____和_____。

2.使用_____命令,可以将AutoCAD图形对象保存为其他需要的文件格式,以供其他软件调用。

参考文献

[1] 刘哲,高玉芬.机械制图[M].8版.大连:大连理工大学出版社,2022.

[2] 张启光.计算机绘图(机械图样):AutoCAD 2012[M].3版.北京:高等教育出版社,2018.

[3] 王槐德.机械制图新旧标准代换教程[M].3版.北京:中国标准出版社,2017.

[4] 孙开元,张晴峰.机械制图及标准图库[M].2版.北京:化学工业出版社,2014.

[5] 国家职业技能鉴定专家委员会计算机专业委员会.计算机辅助设计(AutoCAD平台)AutoCAD 2002试题汇编:高级制图员级(2012修订版)[M].北京:北京希望电子出版社,2013.

附录

附录1 《机械制图》国家标准

一、图纸幅面和格式(参考 GB/T 14689—2008)

(一)图纸的基本幅面

附表 1-1 基本幅面的代号及尺寸 mm

基本幅面代号	A0	A1	A2	A3	A4
尺寸 $B \times L$	841 × 1 189	594 × 841	420 × 594	297 × 420	210 × 297

(二)图框格式

图框格式有两种:一种是保留装订边的图框,用于需要装订的图样,见附图 1-1(横装)及附图 1-2(竖装)。当图样需要装订时,一般采用 A3 幅面横装,A4 幅面竖装。

附图 1-1

附图 1-2

另外一种是不留装订边的图框格式,用于不需要装订的图样,见附图1-3及附图1-4。

附图1-3　　　　　　　　　　　　　　附图1-4

图框线用粗实线绘制,表示图幅大小的纸边界线用细实线绘制,图框线与纸边界线之间的区域称为周边。各周边的具体尺寸与图纸幅面大小有关,见附表1-2。

附表1-2　　　　　　　　　　周边的尺寸　　　　　　　　　　mm

幅面代号	A0	A1	A2	A3	A4
$B \times L$	841×1189	594×841	420×594	297×420	210×297
e	20			10	
c	10			5	
a	25				

二、标题栏的格式及尺寸(参考 GB/T 10609.1—2008)

标题栏的格式及尺寸参考附图1-5。

附图1-5

三、明细栏的格式及尺寸（参考GB/T 10609.2—2009）

明细栏的格式及尺寸参考附图1-6。

附图1-6

四、字体（参考GB/T 14691—1993）

字体的高度(h)代表字体的号数,如7号字的高度为7 mm。字体高度的公称尺寸系列为:1.8 mm,2.5 mm,3.5 mm,5 mm,7 mm,10 mm,14 mm,20 mm 八种。若需书写更大的字,则字体高度应按$\sqrt{2}$的比率递增。汉字的最小高度不应小于3.5 mm。汉字应写成长仿宋体(直体),其字宽约为字高的0.7倍。

字母和数字按笔画宽度情况分为 A 型和 B 型,A 型字体的笔画宽度(d)为字高(h)的$\frac{1}{14}$,B 型字体的笔画宽度为字高的$\frac{1}{10}$。在同一张图上只允许选用同一种形式的字体。字母和数字可写成斜体或直体,斜体的字头向右倾斜,与水平基准线成75°角。用做指数、分数、极限偏差、注脚等的数字及字母,一般应采用小一号的字体书写。

五、图线（参考 GB/T 17450—1998 和 GB/T 4457.4—2002）

基本线型共有15种,绘制机械图样只用到其中的一小部分。各种图线的名称、线型、图线宽度及其应用举例见附表1-3。所有线型的图线宽度应在下列数系中选择:0.13 mm,0.18 mm,0.25 mm,0.35 mm,0.5 mm,0.7 mm,1 mm,1.4 mm,2 mm。该数系的公比为$1:\sqrt{2}$($\approx$1:1.4)。GB/T 4457.4—2002中规定,在机械图样中采用粗、细两种线宽,它们之间的比例为2:1。

附表 1-3　　　　　　　　　　　图线的名称、线型、宽度及其应用举例

名称	线型	宽度	应用举例
粗实线	——	d=0.5~2.0 mm	可见棱边线;可见轮廓线;相贯线;螺纹牙顶线;螺纹长度终止线;齿顶圆(线);表格图、流程图中的主要表示线;系统结构线(金属结构工程)模样分型线;剖切符号用线
细实线	——	$d/2$	过渡线;尺寸线;尺寸界线;指引线和基准线;剖面线;重合断面的轮廓线;短中心线;螺纹牙底线;尺寸线的起止线;表示平面的对角线;零件成形前的折弯线;范围线及分界线;重复要素表示线,如齿轮的齿根线;锥形结构的基面位置线;叠片结构位置线,如变压器叠钢片;辅助线;不连续同一表面连线;成规律分布的相同要素连线;投影线;网格线
波浪线	〜	$d/2$	断裂处边界线;视图与剖视图的分界线
双折线	—\/\—	$d/2$	断裂处边界线;视图与剖视图的分界线
细虚线	– – – – –	$d/2$	不可见棱边线;不可见轮廓线
粗虚线	▬ ▬ ▬ ▬	d	允许表面处理的表示线
细点画线	– · – · –	$d/2$	轴线;对称中心线;分度圆(线);孔系分布的中心线;剖切线
粗点画线	▬ · ▬ · ▬	d	限定范围表示线
细双点画线	– ·· – ·· –	$d/2$	相邻辅助零件的轮廓线;可动零件的极限位置的轮廓线;成形前轮廓线;剖切面前的结构轮廓线;轨迹线;毛坯图中制成品的轮廓线;特定区域线;工艺用结构的轮廓线;中断线

六、表面结构符号(参考 GB/T 131–2006)

附图 1-7

附图 1-7 中表面结构符号的尺寸 d'、H_1、H_2 等与图样上的轮廓线宽度和数字高度等相互关联,见附表 1-4。

附表 1-4　　　　　　　　　　　表面结构符号的尺寸　　　　　　　　　　　mm

参数	数　值						
数字和字母高度 h	2.5	3.5	5	7	10	14	20
符号宽度 d'	0.25	0.35	0.5	0.7	7	1.4	2
字母线宽 d							
高度 H_1	3.5	5	7	10	14	20	28
宽度 H_2(最小值)	7.5	10.5	15	21	30	42	60

注:H_2 取决于标注内容;字母线宽是指标注的表面结构参数的线宽。

七、斜度符号、锥度符号的画法(附图1-8)

附图1-8

八、装配图中零部件序号及其编排方法(参考 GB/T 4458.2—2003)

(一)在水平的基准(细实线)上或圆(细实线)内注写序号,序号字号比该装配图中所注尺寸数字的字号大一号,如附图1-9(a)所示。

(二)在水平的基准(细实线)上或圆(细实线)内注写序号,序号字号比该装配图中所注尺寸数字的字号大一号或两号,如附图1-9(b)所示。

(三)在指引线的非零件端的附近注写序号,序号字高比该装配图中所注尺寸数字的字号大一号或两号,如附图1-9(c)所示。

附图1-9

一组紧固件以及装配关系清楚的零件组,可以采用公共指引线,序号标注的形式如附图1-10所示。

附图1-10

同一装配图中编排序号的形式应一致。

装配图中序号应按水平或竖直方向排列整齐,可按顺时针(或逆时针)方向顺次排列,在整张图上无法连续时,可只在每个水平方向或竖直方向顺次排列。

附录2　AutoCAD测试试卷 A

1. 考试要求（10 分）

（1）设置 A2 图幅，用粗实线画出图框，在右下角绘制标题栏。在对应框内填写姓名和考号，字高为 5 mm。

（2）尺寸标注接图中格式。尺寸参数：字高为 3.5 mm，箭头长度为 3.5 mm。尺寸界线延伸长度为 2 mm，其余参数使用系统缺省配置。

（3）分层绘图。图层、颜色、线型要求如下：

层名	颜色	线型	线宽/mm	用途
0	黑/白	实线	0.50	粗实线
1	红	实线	0.25	细实线
2	洋红	虚线	0.25	细虚线
3	紫	点画线	0.25	中心线
4	蓝	实线	0.25	尺寸标注
5	蓝	实线	0.25	文字
6	绿	双点画线	0.25	双点画线

其余参数使用系统缺省配置。另外需要建立的图层，考生自行设置。

（4）将所有图形存储在一个文件中，均匀布置在图框线内。存盘前使图框充满屏幕，文件名用准考证号码。

2. 按标注尺寸 1∶2 抄画零件图，并标全尺寸，技术要求和表面粗糙度。（40 分）

3. 按标注尺寸 1∶1 抄画图主、左视图，补画俯视图（不标注尺寸）。（30 分）

4. 按标注尺寸 1∶1 绘制图形，并标注尺寸。（20 分）

附录 3　　AutoCAD 测试试卷 B

试题要求：

1.考试方式：计算机操作，闭卷。

2.考试时间为 180 分钟。

3.打开绘图软件后，考生在指定的硬盘驱动器下建立一个新的图形文件，并以考生的考号和姓名结合为文件命名（例如：08001刘育平.dwg）。

一、绘制图幅（10分）

要求：

①按1:1比例绘制 A2 图纸边框（细实线，幅面594 mm×420 mm），在 A2 图纸幅面内用细实线画出4个 A4 幅面（297 mm×210 mm），左边两个分别绘制二、三题（不画图框线），右边两个分别绘制四、五题（四题要求画出图框线（粗实线，幅面287 mm×200 mm）和简化标题栏，五题要求画出图框线（粗实线，幅面287 mm×200 mm）和明细栏）。

②按以下规定设置图层及线型，并设定线宽。

图层名	颜色(颜色号)	线型	线宽/mm
01	白(7)	粗实线Continuous	0.50
02	绿(3)	粗实线Continuous	0.25
03	黄(2)	虚线HIDDEN	0.25
04	红(1)	中心线CENTER	0.25

③按国家标准的有关规定设置文字样式，然后在四、五两题上画出并填写给出的简化标题栏和明细栏（不标注尺寸）（附图3-1）。

附图 3-1

注：其余为5号字。

二、按1:1比例画出附图3-2,不标注尺寸。(10分)

三、如附图3-3所示,根据已知立体的两个视图,按1:1比例画出立体的三视图,并在主、左视图上选取适当剖视,不标注尺寸。(20分)

附图3-2   附图3-3

四、画如附图3-4所示零件图。(30分)

具体要求:

1.按1:1比例抄画阀体零件图,标注尺寸和技术要求。

2.图纸幅面为A4,图框和标题栏尺寸按前面要求画出。

3.不同的图线放在不同的图层上,尺寸标注要放在单独的图层上。

注:G1/2:大径 $D=\phi20.995$ mm

小径 $D_1=\phi18.631$ mm

五、画装配图(30分)

具体要求:

1.根据旋阀装配示意图(附图3-5)和零件图(附图3-6),拼画旋阀装配图的主视图(采用恰当方法,按1:1比例,清晰地表达旋阀的工作原理、装配关系,并标注必要的尺寸);

附图 3-4

注：4为填料（石棉绳），无零件图。

附图 3-5

267

附图 3-6

2.图中的明细栏内容,可参考旋阀零件明细栏(附图3-7),按要求画出。

旋阀零件明细栏

序号	名称	件数	材料	备注
1	阀体	1	HT150	
2	阀杆	1	45	
3	垫圈	1	35	
4	填料	1	石棉绳	
5	填料压盖	1	35	
6	螺栓 M10×25	1	35	
7	手柄	1	HT150	

附图3-7

附录4　机械制图测试试卷A

注意事项

1.在试卷的标封处填写您的姓名、考号、所在地区及考试等级。

2.请仔细阅读各种题目的回答要求,作图题一律用铅笔完成。

3.请保持卷面整洁、线型分明,不要在标封区填写无关内容。

题 号	一	二	三	四	五	六	总分	总分人
分 数								

得分	评分人

一、单项选择题(在每小题四个备选答案中选出一个正确答案,并将正确答案的字母填入下面的表格中)。(共10分,每小题1分)

题 号	1	2	3	4	5	6	7	8	9	10
答案										

1.机械图样中书写汉字的字体,宜写成长仿宋体。汉字的字高不应小于(　　　)mm。

A.1.8　　　　　B.2.5　　　　　C.3.5　　　　　D.5

2.在绘制图样时,其假想的结构,应采用机械制图国家标准规定的(　　　)绘制。

A.虚线　　　　　B.细点画线　　　　C.双点画线　　　　D.波浪线

3.装配示意图是用规定的(　　　)和简化画法的示意图样表示出装配体的大致形状、零件的位置以及连接关系。

A.图线　　　　　B.图形符号　　　　C.字体　　　　　D零件编号

4.以下选项中,(　　　)不属于常见铸造零件的工艺结构。

A.铸造圆角　　　B.拔模斜度　　　C.退刀槽　　　　D.壁厚均匀

5.在斜二轴测图中,取一个轴的轴向变形系数为0.5时,另两个轴的轴向变形系数均为(　　　)。

A.0.5　　　　　B.1　　　　　C.1.22　　　　　D.0.6

6.画正等轴测剖视图时规定,Y1O1Z1 和 X1O1Z1 轴测坐标面上的剖面线方向与水平面
成(　　　)夹角。

A.45°　　　　　B.60°　　　　　C.30°　　　　　D.50°

7.以下选项中,(　　　)不属于绘制正等轴测图的方法。

A.形体分析法　　B.基面法　　　C.叠加法　　　　D.切割法

8.用于复制图样或描绘底图的原图有三种,设计中的铅笔图、计算机绘制的设计原图和
(　　　)。

A.效果图　　　　B.草图　　　　C.轴测图　　　　D.硬板原图

9.对于硬化底图的处理方法是,,可用排笔在铺平的底图上均匀地涂上一层( )。

  A.煤油　　　　　　B.柴油　　　　　　C.汽油　　　　　　D.化学纯甘油

10.对成套图纸进行管理的前提是,事先必须正确地绘制出某产品的全部图纸,而其中
   必须有反映产品装配关系的( )。

  A.断面图　　　　　　B.剖视图　　　　　　C.装配图　　　　　　D.零件图

得分	评分人

二、在附图4-1中标注尺寸(按1:1从图中量取尺寸数值),按表中给出的Ra数值,在图
中标注表面粗糙度。(15分)

表面	A	B	C	D	其余
Ra	6.3	12.5	3.2	6.3	25

附图4-1

得分	评分人

三、将附图4-2的左视图画成$A—A$半剖视图。(15分)

附图4-2

271

得分	评分人

四、如附图4-3所示,画出 A—A 剖视图(位置自定、尺寸按图中量取)。(10分)

附图4-3

得分	评分人

五、如附图4-4所示,画出左视图。(不可见线用虚线表示)(10分)

附图4-4

得分	评分人

六、根据附图4-5所示的视图,画出正等轴测图。(10分)

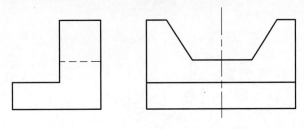

附图4-5

得分	评分人

七、如附图4-6所示,按简化画法,完成螺钉连接的两个视图。(10分)
主视图画成全剖视图,左视图为外形。

附图4-6

得分	评分人

八、读"泵体"零件图(附图4-7)。(20分)

1.画出 C—C 剖视图的外形图。(尺寸按图形实际大小量取,不画虚线,位置自定)(14分)

2.标出该零件长、宽、高三个方向的主要尺寸基准。(用箭头指明引出标注)(6分)

附图 4-7

274

附录5　机械制图测试试卷B

注意事项

1.在试卷的标封处填写您的姓名、考号、所在地区及考试等级。

2.请仔细阅读各种题目的回答要求,作图题一律用铅笔完成。

3.请保持卷面整洁、线型分明,不要在标封区填写无关内容。

题 号	一	二	三	四	五	六	总分	总分人
分 数								

得分	评分人

一、单项选择题(在每小题四个备选答案中选出一个正确答案,并将正确答案的字母填入下面的表格中)。(共10分,每小题1分)

题 号	1	2	3	4	5	6	7	8	9	10
答 案										

1.机械制图国家标准规定,字母和数字分为(　　　)两种形式,在同一图样中只允许选用一种形式的字体。

   A.A型和C型　　　　B.B型和C型　　　　C.A型和B型　　　　D.C型和D型

2.在图样中标注分区代号时,字母的书写顺序是(　　　)。

   A.从下到上　　　　B.从左到右　　　　C.从右到左　　　　D.从上到下

3.一对标准直齿圆柱齿轮的中心距$a=$(　　　)。

   A.$m(Z_1-Z_2)$　　　　B.$\frac{1}{2}(Z_1+Z_2)$　　　　C.$\frac{1}{2}m(Z_1+Z_2)$　　　　D.$m(Z_1+Z_2)$

4.在剖视图中,当剖切平面通过齿轮轴线时,轮齿一律按不剖处理,即齿根线画成(　　　)。

   A.点画线　　　　B.虚线　　　　C.细实线　　　　D.粗实线

5.装配图的规定画法中规定,互相接触的两相邻表面(　　　)。

   A.只画一条涂黑线　　　　　　　　B.只画一条粗实线

   C.必须画两条粗实线　　　　　　　D.可画两条细实线

6.轴测装配图有分解式、分解式和整体式相结合和(　　　)画法。

   A.整体式　　　　B.单个　　　　C.装配　　　　D.正等测

7.以下选项中,(　　　)属于装配图的特殊表达方法。

   A.拆卸画法　　　　B.剖视画法　　　　C.断面画法　　　　D.轴测画法

8.徒手绘图中的草图就是指以(　　　)估计图形与实物的比例。

   A.类比　　　　B.测量　　　　C.查表　　　　D.目测

9.机械工程图中规定,成套图纸必须进行系统的(　　　),以便有序存档和及时、便捷、准确地查阅利用。

   A.分类编号　　　　B.零件编号　　　　C.装配图编号　　　　D.编写图号

10.图档管理中,图样和文件的编号一般有分类编号和(　　)两大类。

A.图样编号　　　　　B.隶属编号　　　　C.文件编号　　　　D.零件编号

得分	评分人

二、如附图5-1所示,将左视图画成A—A半剖视图。(14分)

附图5-1

得分	评分人

三、如附图5-2所示,补画左视图。(12分)

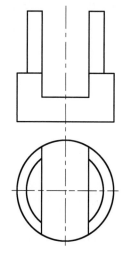

附图5-2

得分	评分人

四、如附图 5-3 所示,补画主视图。(12分)

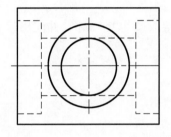

附图 5-3

得分	评分人

五、根据组合体的主、俯两个视图(附图 5-4),画出其正等轴测图。(12分)

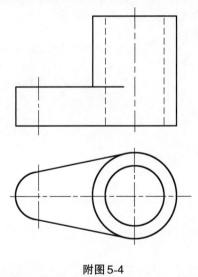

附图 5-4

得分	评分人

六、读"仪表车床尾架"装配图(附图5-5)。(40分)

1.填空。(每空1分,共10分)

(1)主视图中ϕ62H6/h6属于_____尺寸,左视图中154属于_____尺寸,254属于_____尺寸。

(2)主视图采用了_____剖切的画法。

(3)在配合尺寸ϕ24H7/s6中,24是_____尺寸,H表示_____,s表示_____,7表示_____,该配合尺寸属于_____制的_____配合。

2.画出件2(轴套)的零件图。按图形量取尺寸2:1画图,并注出带有公差配合的尺寸。(30分)

附图 5-5